油藏动态构模预测论

钟德康 著

石油工业出版社

内 容 提 要

本书在注水驱油理论结合油田开发实践基础上,从油田地下渗流动态和地面生产动态过程,分析了油藏动态数学模型的预测特点,研究了油藏动态的数学构模机理及各类模型的预测方法和效果。全书共八章,涵盖了构模方法和模拟预测方面的动态分析、方案设计、井网优化、注采监控、开发机理、信息统筹、效益评价、实验模拟等内容。

本书可供油田科研、技术人员和石油院校相关专业师生阅读参考。

图书在版编目(CIP)数据

油藏动态构模预测论/钟德康著. —北京:石油
工业出版社,2018.1
ISBN 978 – 7 – 5183 – 2167 – 4

Ⅰ. ①油… Ⅱ. ①钟… Ⅲ. ①油藏数值模拟 Ⅳ.
①TE319

中国版本图书馆 CIP 数据核字(2017)第 247146 号

出版发行:石油工业出版社
(北京安定门外安华里 2 区 1 号楼　100011)
网　　址:www. petropub. com
编辑部:(010)64523541　图书营销中心:(010)64523633
经　销:全国新华书店
印　刷:北京中石油彩色印刷有限责任公司
2018 年 1 月第 1 版　2018 年 1 月第 1 次印刷
787×1092 毫米　开本:1/16　印张:13.5
字数:330 千字
定价:68.00 元
(如出现印装质量问题,我社图书营销中心负责调换)

前　　言

预测是一门软科学的应用技术。预测是科学决策的生命线,是制订计划方案的重要依据。精良的预测方法,能够体现出数学模型预测精度高、综合预测功能多、优化预测效益大等系统化的创新特点,在油田实际应用中产生巨大效益。

笔者在油田工作近 40 年来,从自己悉心研究、撰写的大量手稿及论文中,精选出有关油藏动态构模预测的资料和文献,进行章节编著并审定成书。全书共分八章论述,重点是油田地下渗流动态和地面生产动态过程的构模研究与应用,各章节中多有联系油田开发实践的创新之处。

第一章简述了油藏动态预测的系统性、创新性和实用性。第二章从动态预测的属性简析、预测方法、曲线形态、构模应用 4 个方面,简要地论述了油藏动态数学模型及构模与拟合的预测特点。第三章至第八章结合油田开发实践,研究了注采递增(递减)函数的演绎模型、井网系统设计的优化模型、动态参数监控的统计模型、开发效果分析的机理模型、信息统筹与效益评价模型、油田开发的实验模拟模型,并且对各种数学模型进行了应用效果分析。

本书的内容较丰富,用图表详解数学公式,构建的各种实用数学模型,不仅有油藏渗流理论和机理分析作支撑,而且被很多油田开发动态预测的成功案例所证实。

愿将本书的研究成果奉献给奋斗在石油战线上的同行们,同时也希望对石油院校相关专业的师生有所帮助。因笔者水平所限,书中难免存在不足之处,诚望读者批评指正。

钟德康

2017 年 7 月于大庆蜀苑

目 录

第一章 概　　论

笔者认为:数学是研究物质在时空中运动变化规律的数量科学。数学科学的应用,核心问题是建立数学模型。数学模型是抽象化的物质模型,具有显著的预测功能。本章则是简述预测方法、预测构模和预测模拟等的功效作用。

第一节　预测方法的系统分析

进行预测方法的系统分析,首先要了解系统工程(包括系统分析)的基本内容。系统工程是一种应用技术,它是从系统的观点出发,采取定量的或定性与定量相结合的方法,从经济的、技术的、社会的角度来对一个大系统做优化分析或评价[1]。系统工程不仅是指导每个项目发展变化的纵向技术方法,而且是适用于各行各业、各部门、各系统的横向学科。油藏系统是从勘探到开发过程的大系统,需要系统工程的技术方法进行优化设计、合理开发和综合评价。

一、油藏系统工程的基本概念

油藏系统工程较为确切的定义是:"应用油藏工程的研究内容和方法,结合系统工程及系统管理的先进方法,对油藏系统的勘探与开发全过程进行优质服务、优化方案设计(包括油藏工程设计、钻采工程设计、地面工程设计)和综合效益预测与方案实施前后评价,进行方案调整和开发方式转变,达到投入成本较低、原油采收率较高、稳产期较长、营销业绩较好的目的,整体上获得最佳的技术经济效益和社会效益的工程方法,称为油藏系统工程"❶。油藏系统工程同样是一门应用技术科学,它既具有与油藏工程相同的技术方法,又具有系统工程的整体性、相关性、综合性、层次性等特点,同时还具有系统管理的优化性和可操作性等优点,有利于在科技创新等领域中充分发挥人的主观能动性,从全局观点对油藏系统进行优化控制和调整。

油藏系统作为一个复杂系统具有一定的层次性,正确地对油藏系统进行划分是加强油藏系统管理的一种手段。按照油藏系统管理中各要素的联系方式、系统运动规律的类似性以及功能特点,进行一定的级别、层次划分,能够改善系统之间的有效运动。反馈方法是控制论的主要方法之一,又是油藏系统管理的重要组成部分。如文献[2]指出,当把给定的控制信息作用于被控制的对象后,再把对象产生的反应、结果(实际信息)返送回来,与给定信息进行比较、判断,确定它与预期结果的差距,然后按照差距采取措施,以消除或减少差距。这种反送信息的过程就是反馈,而按差距进行控制的过程则称为反馈控制过程或称循环调节过程。总之,反馈过程包括了感受、分析和决断的过程。在计划、执行和控制的每个大环节,都有反馈过程产生调节作用。

---

❶ 引自钟德康所著的《油藏系统工程方法论》,大庆油田有限责任公司勘探开发研究院,2013 年。

二、油藏系统分析的预测作用

预测是利用一定的数据、资料和方法对事物的发展趋势进行科学的推断[1]。预测既是一门科学，又是一门技术，包括科学预测、技术预测、社会预测、经济预测、军事预测、能源预测等多个领域，集中体现在"统计预测和信息预测"[3]方面。因为预测是根据规律判断未来，所以预测科学是研究规律的一种科学手段，即预测就是研究发展方向的一种科学手段[2]。因此，预测工作者应用预测方法产生效益的作用主要体现在以下4个方面：

（1）研究：产品、企业、经济的发展方向和目标。

（2）提供：决策科学化的依据。

（3）促使：计划（规划）工作的系统定量化。

（4）指导：方案实施前后的综合评价和调整。

三、油藏动态预测的层次结构

预测是系统工程的重要组成部分，作为预测技术的油藏动态预测，是油藏系统工程不可缺少的主要环节。因为从投产到结束的油田开发过程是一项预测与优控过程结合的系统工程，所以石油工作者不仅要预测油藏动态变化的规律性，而且要掌握构模方法的系统性。考察事物本身系统性的思路和方法，就要用系统分析方法"把对象作为整体对待，从整体与部分的相互依赖、相互制约的关系中，揭示系统的特征和运动规律"[2]。同其他事物或部门有系统分析的层次特征一样，预测方法构模过程的系统分析具有层次结构特征。从油藏系统工程实施的时序层次来看，书中的实验模拟、开发机理、动态分析、方案设计、井网优化、注采监控、信息统筹、效益评价等内容，都包含了预测公式的信息和预测方法及效果。从油藏系统工程构建油田动态规律经验预测公式的过程中，系统同样包含了以下几个"相互作用和相互依赖的若干组成部分"[3]的预测方法层次结构演变进程：

（1）经过岩心水驱油实验得出实验成果及模拟结果，如油水（或油气）相对渗透率曲线的测定（详见第八章第一、第二节）。其中，应用了经典的油水两相分流量公式[4]模拟计算相对渗透率曲线。另外，还可采用电模拟实验和油藏数值模拟的演算作为预测分析的手段。

（2）在水驱油实验成果基础上，结合地下渗流理论公式（如达西定律及演变公式）的分析，通过微分、积分等算法运算与演绎、优化、因果、时序等数学公式的推导方法，构建数学预测模型。

（3）在机理性的数学模型基础上，结合矿场生产动态资料进行数理统计（一元或多元回归），得到经验统计的预测公式。

（4）对已建立的数学模型进行效果检验，将油田实测资料代入数学公式，通过拟合运算，达到预测精度高的最佳预测效果，即为构建了好的数学模型。

例如在本书第六章第二节中，成功应用了以上经验预测方法构模的4个层次过程，推导和建立了多次幂指数型广义水驱特征曲线的经验统计预测公式。上述系统分析体现了油藏系统工程预测方法的科学性，得到的预测结果必然是高精度和高效率的。

第二节 预测构模的创新研究

科学系统地研究、建立和应用油藏动态预测的数学模型,是油藏工程学急需解决的关键技术和方法。油藏动态系统主要包括地下渗流动态和地面生产动态,各动态函数在数学模型中的关系变量具有预测功能和应用功能,预测技术已经由单一的预测油藏动态变化发展到综合性的油田开发方案优化设计和评价。因此,好的数学模型不仅能够达到油藏动态关系变量的合理、准确的预测结果,而且是搞好油田开发决策和制订计划方案的重要依据。由此产生了油藏动态构模预测的新思路和新方法。正如创新是"抛开旧的,创造新的"[5]含义一样,创新就是不受旧思想、旧习惯的束缚,勇于创造新理论、新方法和新技术。同时,要重视研究"创新型人才的特征与培养开发"[6],因为"人才是知识创造的主体,创造能力是知识的源泉"[7]。创新型人才一般会将"爱国为民"的理念作为人格风范和创新动力,能够百折不挠地实现正确的课题和目标。

预测构模的创新,主要体现在正确思维方式的发挥、预测公式的系列化和综合化、数学模型应用的高效益方面,力求达到预测构模的系统性与实践应用的多功能性相结合。

一、培养科学的哲学思维方式

纵观社会历史发展,创新型人才的创造力开发存在巨大潜力,所得到的丰富资源和高科技成果的合理应用,促进了人类文明持续进步。掌握哲学思维方式对培养创新型人才的研究分析能力具有重要作用。

树立人才的正确思维方式,即是要树立哲学的系统论、唯物辩证观和探索性思维。哲学作为"关于世界观、价值观、方法论的学说"[5],是研究人和世界各种事物关系的锐利武器。"科学研究是一种探索性活动,科学的认识活动当然就离不开探索性思维。科学史乃至整个人类文化史就是一部探索史、发现史。各门学科都在探索、都在发现、都在创造,也都离不开探索性思维"[8]。探索性思维应包括静态的科学思维(实验方法)与动态的人文思维(随机方法),两者结合方能相得益彰。石油企业的创新型人才还需根据科研工作中出现的问题和困难,通过油藏系统的反馈作用(反向思维活动)即时调整研究计划和方法,以期达到理想的效果。

文献[6]指出,人才创新需要有独特的思维方式,其中重要的创造性思维方法大致有以下几种主要表现方式:收敛思维与发散思维相结合(对应有逻辑思维与非逻辑思维);正向思维与逆向思维相补充(对应有思维定式与反思维定式);纵向思维与横向思维相包容(对应有分析性思维与启发式思维)。其中,"联想、想象、灵感与直觉都是具有鲜明形象特征的非逻辑思维,在创造过程中发挥着重要作用,尤其是想象与直觉,对于创造活动有突出作用"[9]。注重应用数学抽象思维解决形象思维的实际问题(科学、艺术及其关系等),也是创新型思维方式的显著特征。

同时要注重培养人才的全面发展,在德育、智育、体育、美育方面接受教育,肩负起科研创新的重任。其中,自觉培养和提升对事物的审美观念,有助于创新能力的开发和鉴赏。"日心说"的创始人哥白尼说:"人的天职是追求真理"。"科学家在揭示隐含的普遍真理时,在发现自然界中的和谐和简单性时,往往会产生异常强烈的美感"[10]。美就是真理的光辉,对真理的执着追求是提高创新能力的重要动因。如果没有美感存在,创新的动力和能力也就受到限制而影响企业的发展。例如,在研究和构建数学模型(或物理模型)时,就要考虑预测模型的简洁性和对称性,得到的预测曲线(或曲线簇)是匀称和美观的。科学家爱因斯坦的质能公式十分简洁,但它揭示了星体运动质量与能量转换的客观规律,成为科学研究的经典公式。正如民间流传"简洁是真"的谚语,是有科学道理的。

二、进行公式的系列综合研究

19—20世纪一些著名科学家的科研经验表明,他们的工作一般由以下几个步骤构成:准备工作(提出研究问题和方案)—实验—假说—想象力—直觉—推理—观察(此处的观察含有检验假说和推理之意)。其中,"实验—假说—推理—观察"对于构建数学模型有参考意义,相对应的建模步骤有:"实验—分析—公式推导和预测—检验模拟效果"(如第一章第一节的层次结构)。

为了从全局掌握和应用油藏动态变化的规律性,清晰认识到油藏动态各参变量之间的内在联系及其演变特点,使我们能够对油藏动态变化全方位的规律性做到调控应用自如,因此要对油藏动态预测公式进行系列化的综合研究。首先要从油藏系统的整体性、关联性和综合性出发,结合油田需要和实验、机理分析、推理、演绎、归纳、统计、理论、验证等方法步骤,构建油藏动态预测的数学模型。在构建的数学模型基础上,进行数学模型的系列化研究。显而易见,系列综合研究过程即是创新研究过程。

(1)举例1:多次幂指数型一类、二类广义水驱特征曲线的构建,就是首先应用了上述的方法步骤建立了一类、二类广义水驱特征曲线的微分方程式,通过积分求解这两类微分方程式,得到了一类、二类广义水驱特征曲线的预测通式。其中,对多次幂指数型的微分方程式的指数分别代入$-1,0,2$,再分别积分求解微分方程式,就得到幂函数型(凸形曲线)、指数型(S形曲线)和幂指方型(凹形曲线)水驱特征曲线的系列预测通式(详见第六章第二节)。

(2)举例2:油田产油量四大递减规律的公式导出,既能够由单一的实验统计公式或矿场经验统计公式得到,又能够从数学模型的机理分析中得到系列化的综合研究结果(分别详见第六章第一节和第三章第二节)。

关于进行公式的系列综合研究的专题讨论,请参阅第三章中的各节内容。

三、增强数学模型预测多功能作用

提高油田开发动态预测的多功能作用,同样是预测构模创新研究的重要内容。多功能指演绎功能、创造功能、优化功能、调控功能等作用。

(1)演绎功能——进行系列化预测公式研究。

前文所述的广义水驱特征曲线、产油量递减规律曲线等内容和第三章的专题讨论,属于系列化预测公式研究,在此不再重复。

(2)创造功能——构建基础公式附带生成的预测公式。

例如,在对第五章第三节"相对渗透率的相关模型"的研究应用过程中,由含水率与采出程度关系式派生出采油指数与采出程度关系式,以及含水上升率、阶段采出程度、地层原油黏度、生产井供油半径等系列预测式。

又如,在对第五章第二节"注采比协调的单控模型"的研究应用过程中,由注采比的基础算式派生出水油比与采出程度关系式等系列预测式。

(3)优化功能——进行技术优化和经济优化的数学模型预测功能。

技术优化要使研究对象(油田及数学模型)的技术指标和预测变量结果达到既合理又高效率;经济优化要使研究对象(油田及数学模型)的经济指标和预测参数结果得到高的利润和降低成本。可以参考第四章和第七章的相关内容阅读。

(4)调控功能——通过输入参数改变来调整控制油田动态输出变量,达到方案设计目标以取得好的生产效果。可以参考第五章和第六章的相关内容阅读。

第三节　预测模拟的实用效益

岩石沉积了若干万年,深埋在距地面几百米至几千米的油藏,孔隙砂体交错分布,油气水及压力变化难测,是黑箱问题或灰箱问题的知识库。但是,同任何事物的变化规律一样,油田地下流体与被采出地面流体的动态变化都具有特定条件的规律性,能够用数学模型描述这种过去已知的规律性变化,以及判断未来的规律性变化,这就是预测的魅力所在。"人们之所以重视预测,是因为人们认识到,在预测方面花掉的精力和费用,同由于对未来估计不足造成的损失相比,是微不足道的,因而是很值得付出的。"[2]也就是说,正确的预测能够避免因方案规划、设计,油建施工等项目的错误而造成的损失。在我国石油天然气行业标准中,已将"油田开发指标预测和分析"[11]作为油田开发方案编制的重要组成部分。重视将预测作为决策科学化的主要依据,为项目的计划(规划)提供了高效分析的手段。

预测工作是在调查研究或科学实验基础上的一种科学分析,故又称为预测分析。因此,用实际资料和统计数据,对描述油藏动态预测规律的数学模型进行定量分析和合理性检验或修正就更为必要。改善数学模型的预测质量和精度,必然是预测应用及提高工作效率和经济效益的保证。要提高预测模拟的实用效益,关键在于提高数学模型的合理建模和拟合预测精确度。

在油藏工程设计中能够看到,应用理论公式直接进行预测与实际资料通常是偏差较大;应用经验公式进行数理统计拟合预测与实际资料符合率较高。因此,应在理论公式的机理分析基础上构建经验公式数学模型是一种提高拟合预测精度的好方法,又是确保提高预测模拟实用效益的途径。因此,在书中用较大量篇幅论述了与油藏渗流机理和数理统计有关的数学模型建立和应用问题。下面对提高预测模拟的实用效益进行简要分析。

一、研制应用优良增效数学模型

根据资料调研、效果比较和工作条件,注重研制优良的数学模型。优良数学模型有以下特点:

(1)数学模型的研制费用低,工作效率高。

(2)数学模型的理论依据充分,检验效果好。

(3)数学模型预测值与实测值的误差小,能够改善和提高预测精度。

（4）应用的预测公式简洁明了,应用计算方便。

数学模型除了具有上述的优良特性以外,还应注重数学模型的增效性和多功能性,使预测结果的应用达到较大的综合效益。增效数学模型及其特点如下：

（1）优化模型实现经济效益极大值。

（2）因果模型采用累计量函数变化关系提高预测精度。

（3）时序模型确定预测变量值的所需时序点。

（4）调控模型确定优化控制的参数及变量值。

二、数学模型预测的模拟与反馈作用

在相关部门或系统中进行科学精细安排,方案实施前进行模拟预测,做到精细预测—科学决策—计划方案—分析评价（数学模型应用效果和测算方案实施后的经济效益和社会效益）—预测反馈—修正方案的良性循环,来达到部门的最佳效益目标。

三、阶段预测与多次方案后评价

应用数学模型有效地进行油田开发指标预测,根据预测结果结合经济评价编制出开发（规划）方案,方案实施以后的中前期和后期都要进行方案的后评价与方案的综合调整,各个开发阶段都离不开数学模型的再预测,科学的预测评价工作始终贯穿于油田开发过程中,以实现部门的最大化综合效益。可以参考第七章第四节的相关内容。

参 考 文 献

[1] 刘豹,顾培亮,张世英. 系统工程概论[M]. 北京:机械工业出版社,1987.

[2] 王众讬,张军. 系统管理[M]. 沈阳:辽宁人民出版社,1985.

[3] 翁文波. 预测论基础[M]. 北京:石油工业出版社,1984.

[4] Leverett M C. Capillary Behavior in Porous Solids[J]. Trans. ,AIME,1941(142):152 – 169.

[5] 中国社会科学院语言研究所词典编辑室. 现代汉语词典[M]. 5 版. 北京:商务印书馆,2006.

[6] 钟德康. 创新型人才的特征与培养开发[J]. 西南石油大学学报:社会科学版,2009,2(2):76 – 78.

[7] 王极盛. 创新时代——未来成功者的超质菜单[M]. 北京:中国世界语出版社,1999.

[8] 殷启正,徐本正,解恩泽. 科学研究中的探索性思维[M]. 济南:山东教育出版社,1992.

[9] 邓泽功. 创造能力开发[M]. 成都:四川人民出版社,2003.

[10] 楼宇烈. 中国的品格——楼宇烈讲中国文化[M]. 北京:当代中国出版社,2007.

[11] SY/T 5842—2003 砂岩油田开发方案编制技术要求　开发地质油藏工程部分[S].

第二章 油藏动态数学模型预测

油藏动态变化规律具有特定的属性,建立的数学模型要如实反映这些属性特征及变化。因此有必要首先了解油藏流体动态属性特征的系统性和数理功能性,然后要了解预测类型及预测方法、预测曲线和构模应用等概况。

第一节 动态预测的属性简析

一、数学模型预测范围的动态系统性

1. 微观性与宏观性

地下流体在储油层多孔介质和井网分布的双重制约下,经历了微观渗流的演变过程,具有地下渗流的微观规律性。当流体经过了井口计量产出地面时,计量器测试了地面流体变化的有序特征,具有地面流量的宏观规律性。应当指出,流体的微观性与宏观性是同步产生的。

2. 整体性与关联性

地下流体在天然能量或人工注水的不同驱动方式下,从地下孔隙介质渗流通过了井网条件的控制,再从井底产出到地面的过程,构成了各个开采环节的密切相关性,各个环节过程又组成了不可分割的统一体。因此,从地下渗流、井网控制、井筒举升到地面产出的各种渠道,都能够预测不同特点的流量变化规律,体现出动态预测的整体性与关联性。

3. 时序性与有限性

油藏动态系统在油田开发过程中,注入水量与产出油量的变化值具有不同开发阶段的时序性。随着开发时间的推移,油田的含水率上升将达到极限含水率,这时油田开发的产油量就终结了。可是流量的这种时序性及其预测作用是有限的,因为油田的可采储量和开发时间都是有限的。

4. 耗散性与非逆性

普利高津的“耗散结构理论”[1]着重研究一个系统变量,从混沌无序状态向稳定有序状态转化的机理、条件和规律。在油田开发过程中,油藏动态系统变量具有明显的耗散结构特征,在有序状态下就能够较准确地进行动态预测。开放的动态系统和变化的开发时间都是不可逆转的,地下采出的原油储量不能够增生,都体现出非逆性。

5. 确定性与随机性

在油田开发过程中,当在注采平衡条件下且保持稳定的工作制度时,油田含水率就按照有序的轨迹上升,产油量就遵从递减规律下降,体现出动态预测规律的确定性。当改变了油井工

作制度或在增减油水井数的初期,流量动态变化又陷入了混沌的无序状态,体现出动态预测的一种不确定性即随机性。当流量变化进入稳定有序状态运动时,又表现出确定性的动态预测规律。

二、数学模型预测范围的数理功能性

1. 分层性与层次性

在一定油田范围内的同一油层、同一压力系统的流体变量,具备了可供预测的趋势规律性,预测的精确度取决于数学模型的合理选择,并随着拟合资料的准确程度增加而提高了预测精度。因为注水井和采油井的全井注采流体变量是由小层变量叠加而成的,所以全井同样具有类似的流体变化规律性和可预测性。

在微分方程的数学模型中,自变量的不同次幂数决定了不同积分解的预测模型具有系列功能的层次性。例如,下降型的产油量与时间变量关系模型,可以分解为产油量的四大递减规律。

2. 滞流性与能换性

油藏储层具有非均质性和断续性,地下原油流动带有黏滞性阻力,这些因素对动态变化速度有一定影响,造成了油水前沿不规则的推进。在特定井网层系下的井间干扰作用又是一种滞流性。在注水开发的油田中,注水压差克服了地下渗流阻力后的剩余压力,转变成为采油的生产压差,体现出能量的转换性。在流量预测的理论分析及统计规律中,不可以忽略能换性与滞流性对预测精度的影响。

3. 协调性与可控性

油藏动态的参数变量在注采井网的控制下,按一定的形态规律变化,例如,注采量的比值按照平衡规律变化,油田的原油年产量按照接替稳产规律变化,产油量按照自然递减和综合递减的规律变化,水驱特征曲线按照凸形、S形和凹形变化。这些曲线形态优美,具有规律变化的协调性,都能够应用数学模型进行描述、控制和监测。

4. 曲线性与模糊性

油藏动态系统的变量规律性,一般是以非线性变化状态为基本特征的,与客观世界物质变化规律的曲线特征一致。由于事物之间差异变化而产生的一种不确定因素,导致事件的定义及规律不明确。因此,对于动态变量某些特征的描述不足,会遇到精确性的缺失而表现为模糊性,要用模糊数学的隶属函数等参数解决问题。

5. 模拟性与等效性

油藏动态变化规律能够用数学模型对测量数据进行拟合,油藏数值模拟则能够整体模拟油层和井点的渗流运动规律。当复杂的油藏数值模拟结果与简单的数学模型预测结果量或动态过程基本相同时,即可以认定这两种预测方法是等效的。又如,非线性的指数方程可以转化为线性的对数方程,这种处理前后的结果是等效的(等效性的概念从爱因斯坦的"等效原理"[2]引申而来)。

第二节 预测类型及预测方法

一个注水开发油田的注水产油量,要经历地下渗流动态的变化和地面生产动态的变化,在克服井筒阻力的垂直管流作用下,使它们具有相似的变化规律,由各动态参数描述的这种变化规律具有明显的预测性。根据油藏动态预测属性的系统性和功能性,结合油田开发的油藏工程应用,可以将动态预测类型主要分为渗流动态预测和生产动态预测两大类。这两大类分别具有不同的构模预测方法。

一、地下渗流动态预测

渗流动态预测是根据油、水两相在多孔介质和井网系统中的渗流公式进行预测的方法,主要有渗流力学法、数值模拟法、物质平衡法、井网优化法等构模预测方法。

1. 渗流力学法

渗流力学法是研究地下流体通过各种多孔介质流动时的运动形态和运动规律的科学方法。其数学模型通过实验测试方法与理论解析方法构建。

1)实验测试模型

实验测试模型包括以达西多孔介质渗滤实验和岩心水驱油试验为基础的达西定律公式、采收率公式、毛细管压力曲线、相对渗透率曲线、压力恢复曲线、高压物性变化曲线、IPR 曲线和室内电模拟方法测试等。

例如,达西定律公式以古典实验为基础,建立了"均匀多孔介质中层流的理论"[3]。相对渗透率曲线反映出地下渗流的驱替机理,并能够作为烃类储层渗流动态计算的基础。岩石对每一流体相的相对渗透率可以在岩样上用稳定状态法或不稳定状态法测量[4]。压力恢复曲线公式是根据油田地下水动力学理论推导出来的[5]。对于采油井或注水井的实测压力恢复(降落)曲线,能够预测和分析油藏动态变化,反求出储层的系列参数。IPR 曲线即油流入井动态曲线,用稳定试井方式测得数据资料,绘制出应用曲线。IPR 曲线的原理和应用,可以参考文献[6,7]。

2)理论分析模型

理论分析模型主要有分流量曲线和前沿推进理论公式。

推导水驱油情形下的分流量方程式,是以油水两相的线性达西定律为基础,并考虑了毛细管压力和油水密度差等因素,总流速可以定义为水和油流速之和[8]。因为含水率规定为总液流中水所占的分量,解出的含水率表达式即为分流量方程式。该方程式的应用,又为测算油水两相相对渗透率曲线的变化提供了依据。

根据油层单元的流体驱替量变化和物质平衡原理,美国学者巴克利和莱弗里特在 1942 年提出了前沿推进方程式,1952 年韦尔杰扩展了前沿推进方程式,提出 Welge 公式。文献[8,9]通过对这些公式的变换,结合分流量曲线的应用,能够定量预测见水时的产油量、见水后的注采动态以及注水期间的饱和度分布等变量。前沿推进理论公式经试验证明是成功的,是描述地下渗流动态的经典理论之一。

关于渗流力学法基础公式的应用和拓展,笔者结合油田的实际应用,将在第五章、第六章和第八章进行分析论述。

2. 数值模拟法

油藏数值模拟是"通过流体力学方程借用大型计算机(或微型计算机——笔者注),计算数学公式的求解,结合油藏地质学、油藏工程学重现油田开发的实际过程,用来解决油田实际问题。"[10]具体说来,油藏数值模拟是通过建立网格化的三维多相石油地质模型,进行逐年、逐月的开发动态数据(压力、产量、含水率等)的历史拟合,用来预测油田、区块、井组在不同的驱动方式和工作制度下的综合开发数据及变化曲线。油藏数值模拟以渗流动态预测为目的,考虑了三维方向的油藏地下情况,结合了地面产出流量的历史拟合,是一种为油田开发方案、调整方案的编制和动态分析提供依据的有效预测方法。

笔者曾经设计和参加了上万个网格节点的油藏数值模拟工作,深感需要解决好3个主要环节的问题:一是要准备好准确可靠的静态和动态资料,如油层的有效厚度、孔隙度、渗透率、含油饱和度、油水相对渗透率曲线、高压物性变化曲线、油田开发的动态数据等;二是要选择有代表性的模拟油田区块,设计出与注、采井井网相适应的合理布局的网格节点;三是要分别做好油田区块和单井的动态历史拟合,在资料充足的必要条件下,还要进行精细的小层数值模拟。油藏数值模拟是一项占用时间较长、耗费精力较多、费用较大的工作,有时拟合预测结果并不令人满意。当人工智能和自动拟合软件植入油藏数值模拟工作中时,就能够提高工作效率和预测精度。

本书的第六章、第七章和第八章,有对油藏数值模拟的应用效果进行分析。

3. 物质平衡法

物质平衡方程式的理论基础是物质守恒定律。它在油气藏开发方面应用的基本含义是"在某开发阶段的流体采出量加上剩余的储存量,等于流体的原始储量"[11]。利用油气藏的物质平衡方程式,根据开发过程中的实际动态资料,测算不同驱动类型油气藏的地质储量及天然水侵量的大小,预测油气藏的地层压力等变化参数。

例如,对于一个原始地层压力高于饱和压力的封闭型弹性驱动油藏,在开采初期饱和压力以上的某一地层压力下降期间内,从油藏中采出的油量等于孔隙岩层和其中储集的油、水的弹性膨胀总量,在此定义下列出物质平衡关系式。结合弹性产率和地层压降的线性关系图,就可以确定封闭型弹性驱动油藏的原始地质储量。应用类似的构模方法,可以确定具有边水作用不封闭型弹性水压驱动油藏的物质平衡方程式,式中考虑和增加了由于边水区的弹性膨胀使边水对油藏的入侵作用量。物质平衡方程式在国内外油气藏开发中得到了较普遍的应用,特别是对于地质因素复杂的油气藏开发有其实用价值。

物质守恒定律能够应用于注采平衡方程式,即油田在注水开发过程中,注入量与采出量之比要保持平衡状态,由此能够建立注采平衡方程式。

关于注采平衡方程式的建立和应用,在本书的第三章、第四章和第五章进行论述。

4. 井网优化法

油田开发的主要目的是要实现较低成本的投入和较高社会效益、经济效益的获得,为人类生存和社会发展提供能源。为此通过对井网密度、油水井数比的优化设计与控制,能够达到降低成本和提高产量的目的。在油藏工程中,分析注水量和产液量渗流之间的平衡关系式,应用优化方法[12,13]建立井网系统的数学优化模型,能够求解经济极限值、产量极大值等指标。

井网优化法的油田应用研究成果在第四章和第五章论述。

二、地面生产动态预测

生产动态预测是根据注、采井口计量的注水、产液量,以及化验含水率、压力等测试资料结合相关公式进行分析、统计等预测的方法,主要有演绎推导法、数理统计法、机理分析法、效益统筹法等构模预测方法。

1. 演绎推导法

演绎推导法是根据油藏动态变化特点建立微分方程,应用微积分[14]方法演绎推导出系列化的预测公式。演绎推导法是一种简便、实用的系统预测新方法,将演绎推导的数学模型进行统计分析,具有油藏动态预测的时空性、规律性和系统性。在第三章中,作者对油田的研究应用成果进行了翔实的论述。

2. 数理统计法

因为生产数据一般具有波动性和规律性,可以说"数理统计就是从有波动的数据中找出其规律性的一种数学方法。"[15]根据生产动态变化的曲线规律或渗流机理表达式建立数学模型,应用生产动态变化的资料数据进行统计拟合,求解经验系数代入常规或优控公式进行预测,是一种传统、实用的预测方法。在第五章中,作者对油田的研究应用成果进行了重点论述。

3. 机理分析法

机理分析法是应用油水两相的渗流表达公式或注采能量平衡公式进行分析,推导出的数学模型可供生产动态资料统计、分析、预测的综合方法。在第六章和第八章中,笔者对油田的研究应用成果进行了系统的论述。

4. 统筹效益法

统筹效益法是一种综合性的预测方法。应用系统分析、数模预测等方法解决油藏动态变化的规律问题;应用经济优化、模糊数学[16,17]等方法解决油藏合理开发的效益问题。在第四章和第七章中,笔者对油田的研究应用成果进行了典型的论述。

第三节　动态规律的曲线形态

预测油藏动态数值变化规律的形态,较多的一类用直角坐标系中曲线型的函数关系来表达。另外一类用直线型的函数表达方式,能够在特定的坐标系(半对数、双对数坐标系等)中,将曲线型函数关系转换为直线型函数关系。转换为线性关系式,有利于数理统计分析和作图预测。

一、曲线型函数关系式

曲线型函数主要有多次幂指数曲线、幂函数曲线、指数曲线等形态[15,18]的关系式。

1. 多次幂指数曲线

其函数关系式为：

$$y = a\mathrm{e}^{bx^c} \qquad\qquad (2-1)$$

2. 幂函数曲线(图2-1)

其函数关系式为：

$$y = ax^b \qquad\qquad (2-2)$$

3. 指数曲线(图2-2)

其函数关系式为：

$$y = a\mathrm{e}^{bx} \qquad\qquad (2-3)$$

当式(2-1)中的$c = 1$时,即变成为式(2-3)。

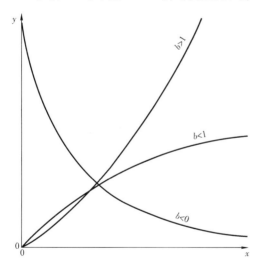

图2-1　$y = ax^b$型曲线

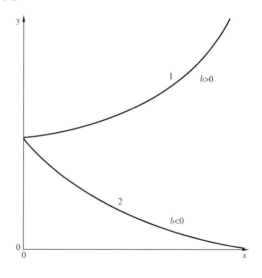

图2-2　$y = a\mathrm{e}^{bx}$型曲线

4. 二项式曲线(图2-3)

其函数关系式为：

$$y = ax^2 + bx + c \qquad\qquad (2-4)$$

二、直线型函数关系式

直线型函数主要有线性函数、半对数函数、双对数函数等形态[18]的关系式。

1. 线性函数(图2-4)

其函数关系式为:

$$y = ax + b \qquad (2-5)$$

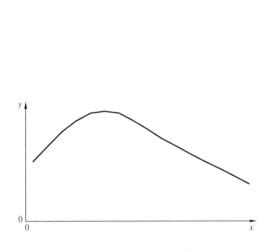

图2-3 $y = ax^2 + bx + c$ 型曲线

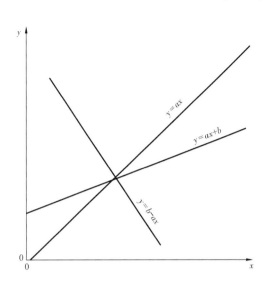

图2-4 $y = ax + b$ 型曲线

2. 半对数函数(图2-5)

其函数关系式为:

$$\lg y = a_1 + b_1 x \qquad (2-6)$$

将式(2-3)两端取常用对数,可以得到形如式(2-6)的表达式,式(2-3)和式(2-6)的系数换算式为:

$$\begin{cases} a_1 = \lg a \\ b_1 = 0.4343b \end{cases} \qquad (2-7)$$

将式(2-1)两端取常用对数,同样可以得到形如式(2-6)的表达式,式(2-1)和式(2-6)的系数换算式为:

$$\begin{cases} a_1 = \lg a \\ b_1 = 0.4343b \\ x = x^c \end{cases} \qquad (2-8)$$

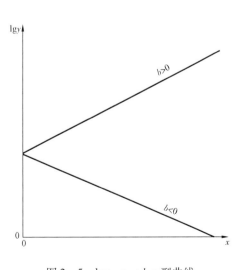

图2-5 $\lg y = a_1 + b_1 x$ 型曲线

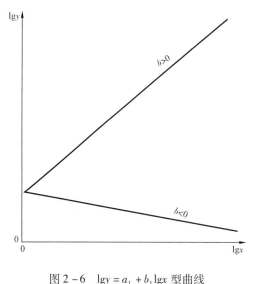

图 2-6 $\lg y = a_1 + b_1 \lg x$ 型曲线

3. 双对数函数(图2-6)

其函数关系式为:

$$\lg y = a_1 + b_1 \cdot \lg x \qquad (2-9)$$

将式(2-2)两端取常用对数,可以得到形如式(2-9)的表达式,式(2-2)和式(2-9)的系数换算式为:

$$\begin{cases} a_1 = \lg a \\ b_1 = b \end{cases} \qquad (2-10)$$

上述式中:

x、y——函数的自变量和应变量;

a、b、c、a_1、b_1——经验常数或系数,小数。

第四节   油藏动态的构模应用

一、数学构模的预测公式

油藏动态的数学构模预测,大体有两类公式:一是用理论公式表达的数学模型进行动态预测,主要用于预测地下渗流动态的变化规律(如上述渗流动态预测中的4种构模预测方法及公式);二是用经验公式表达的数学模型进行预测,就是用已知动态变化规律来预测未知的动态,主要用于预测地面生产动态的变化规律(如上述生产动态预测中的4种构模预测方法及公式)。

地下渗流动态是指在特定的多孔介质油层和井网系统(主要参数包括油水井数及井距、井网密度、油水井数比等)的控制下和压差(注水压差与生产压差)的作用下,形成了注水产生的油、水能量交换及液量的运动变化规律。地面生产动态是指地下油水混合液体通过井网与压差作用,再流经井筒而采出地面的数量(主要参数包括注水量、产油量、产水量、含水率、注水压差、生产压差、采油指数、注采比等)的变化规律。

因为油藏动态系统具有整体性和关联性,所以无论地下渗流动态预测还是地面生产动态预测,但其预测方法虽然不同,但其动态结果都有相似的变化规律性,都能够作为油藏动态分析和油田开发设计的重要依据,只是应用条件的差异而已。一般说来,理论分析公式多用于新油田的开发方案设计。在理论分析基础上建立的经验统计公式,多用于老油田的开发方案设计和动态预测分析,预测准确率较高。

二、数学构模的求解方法

首先,在考察矿场实测动态资料数据或者在室内实验分析的基础上,在坐标轴上画出动态变化的相关曲线图。其次,针对图形的动态特征,应用渗流机理分析,能量守恒、物质平衡原理,采用等效换算、演绎推导、数理统计、系统辨识等手段,建立符合计量单位与量纲要求的数学模型[19]。对于数学模型公式的求解,主要采用两类方法:一是建立微分方程,应用积分方法求解微分方程,用积分公式进行计算预测;二是综合性的方法,如图解法、试算法、优化法、演绎法、统计法、系统分析等。例如,用经验统计公式表达的数学模型常常采用实际资料与数学模型拟合的方法,其中综合了图解法、试算法、优化法来确定或修正经验常数。

三、构模预测的精度检验

应用数学模型经验公式的预测结果,与实际动态曲线的变化规律进行拟合比较,并进行误差分析和应用效果分析。采用数理统计方法如最小二乘法预测的结果,还要给出相关系数和剩余标准离差等评定指标。对多个油田(井区)的预测结果要按时间顺序逐点与实测数据进行比较分析,算出在误差允许范围内的符合率。通过以上步骤,检验了数学模型的拟合精确性和实用性程度,用以评价数学模型的好与差,以及评定数学模型能否应用和推广。保证油田矿场动态资料的准确性,是做好数学模型预测精度检验的重要条件。单纯应用数学模型理论公式的预测,通常预测精度较差。若采用理论公式的机理分析与经验统计公式相结合的构模预测方法,能够提高预测精度。

参 考 文 献

[1] 张钟静,等. 自然科学家篇[M]. 天津:百花文艺出版社,1998.

[2] 刘伟胜. 自然科学概论[M]. 石家庄:河北科学技术出版社,2001.

[3] [奥]薛定谔 A E. 多孔介质中的渗流物理[M]. 北京:石油工业出版社,1982.

[4] [美]霍纳波 M,科德里茨 L,哈维 A H. 油藏相对渗透率[M]. 马志元,高雅文译,秦同洛校. 北京:石油工业出版社,1989.

[5] 童宪章. 压力恢复曲线在油、气田开发中的应用[M]. 北京:石油化学工业出版社,1977.

[6] 张琪. 采油工程原理与设计[M]. 东营:石油大学出版社,2001.

[7] 励学思,杨世刚,李宗田,等. 油井生产动态分析[M]. 东营:石油大学出版社,1996.

[8] [美]克雷格 F F. 油田注水开发工程方法[M]. 张朝琛,等译. 北京:石油化学工业出版社,1981.

[9] [美]克纳夫特 B C,豪金斯 M F. 油、气田开发与开采的研究方法[M]. 童宪章,张朝琛,张柏年,译. 北京:中国工业出版社,1963.

[10] 李福垲. 黑油和组分模型的应用[M]. 北京:科学出版社,1996.

[11] 陈元千. 油、气藏的物质平衡方程式及其应用[M]. 北京:石油工业出版社,1979.

[12] 刘豹,顾培亮,张世英. 系统工程概论[M]. 北京:机械工业出版社,1987.

[13] 王众讬,张军. 系统管理[M]. 沈阳:辽宁人民出版社,1985.

[14] 陈兰祥. 高等数学[M]. 同济第五版. 北京:学苑出版社,2003.

[15] 中国科学院数学研究所统计组. 常用数理统计方法[M]. 北京:科学出版社,1974.

[16] 张文修. 模糊数学基础[M]. 西安:西安交通大学出版社,1985.

[17] 贺仲雄. 模糊数学及其应用[M]. 天津:天津科学技术出版社,1983.

[18] 陈钦雷,等. 油田开发设计与分析基础[M]. 新华,译. 北京:石油工业出版社,1982.

[19] [美]戴姆 C L,艾维 E S. 数学构模原理[M]. 新华,译. 北京:海洋出版社,1985.

第三章 注采递增(递减)函数的演绎

演绎既是一种推理方法,也是构建数学模型的一种手段。根据基本方程式(原理)能够推导出特定条件下的预测公式。本章介绍了油藏动态的时间自变量微分方程和空间自变量微分方程,在此基础上演绎推导出产量递变曲线时间系列、水驱特征曲线空间系列、流体比例曲线变量系列的数学预测模型。

第一节 油藏动态的演绎构模原理

世界上一切运动变化的物质都存在于时间和空间中,描述物质运动变化的数学关系往往以时间自变量或空间自变量的形式体现出来。能够用应变量和自变量的对应关系进行数学式表达,同样体现于油藏动态系统的注水采油过程。

在油田投入开发条件下,观察油藏动态系统的变量运行过程,得出对于一个有限的矿产资源体系,属于应变量函数的注入与采出的累计量或瞬时量,随着时间自变量函数(年、月、日等)或空间自变量函数(采出或注入地下的体积流量等)呈递增(或递减)趋势单调变化。例如,作为应变量函数的有累计注水量、累计采液量、产油量、产水量及附属变量采出程度、采油速度、注采比、水油比、含水率、压力等。因此,在特定条件下建立的函数关系数学模型,能够有效地描述注水采油过程的变化规律。由于油藏动态系统的整体性与相关性特征,各数学模型之间的时空特性具有内在联系,能够从中演绎推导出客观反映油藏动态变化规律的时间自变量模型和空间自变量模型。

一、时空自变量微分方程

由于客观事物的发展是运动变化的,数学作为描述和预测工具,因此微分和积分也就立刻成为必要的了。只有微分学才使自然科学上不仅能用数学来表明状态,并也表明过程,即运动[1]。文献[2]对指数函数的特性进行了精要的分析:"一个研究对象总体的指数增长率或衰减,其主要特性表示了总体的变化率对总体本身瞬时值的依赖性。"根据这一特性研究,并参考文献[3,4]的分析,从客观事物的统计规律出发,可以列出两个递增(或递减)函数随时间变化的微分方程表达式:

$$\frac{\mathrm{d}x}{x\mathrm{d}t} = at^b \qquad\qquad (3-1)$$

$$\frac{\mathrm{d}y}{y\mathrm{d}t} = cy^d t^v \qquad\qquad (3-2)$$

式中 x、y——空间应变量,分别是 t 的函数;

    t——时间自变量;

    a、c——比例系数;

b、v——时间自变量指数；

d——空间应变量指数。

其中,式(3-1)为时间自变量微分方程,式(3-2)为复合型时间自变量微分方程。

从物理意义考虑,式(3-1)和式(3-2)的左端分别是应变量 x、y 的相对变化率,右端分别是应变量 x、y 的等效方程。其中,式(3-1)的成立已被文献[3]等证实和应用。现在只求证式(3-2)的成立和应用:一是证明其属于递增(或递减)函数;二是证明其在油田动态的应用。

将式(3-2)进行分离变量积分运算,得到如下表达式:

$$y = \left(\frac{-dc}{v+1}\right)^{\frac{1}{-d}} t^{\frac{v+1}{-d}} = et^f \tag{3-3}$$

可见,式(3-3)为幂函数,e、f 为常数,图形在双对数坐标中是直线,当 $f<0$ 时是递减函数,当 $f>0$ 时是递增函数[5]。式(3-3)与式(3-1)右端的结构类似,式(3-3)与已经论证和应用的式(3-1)同属于递增函数。从上述两个方面证得式(3-3)及其微分表达式(3-2)成立。

若要建立两个空间变量之间的函数关系式,在一般情况下时间自变量是隐函数。不难理解,当式(3-1)和式(3-2)中两个空间变量 x、y 只有在同一的时间变化点或相同的时间变化规律条件下,才能够建立空间各点的对应关系,则时间指数 b 和 v 应该相等。令 $t^b = t^v$,将式(3-1)除以式(3-2)即得到空间变量模型的微分表达式:

$$\frac{dx}{xdy} = py^z \tag{3-4}$$

式(3-4)中的 x 是空间应变量,y 则变成空间自变量。

式(3-4)中的比例系数:

$$p = \frac{a}{c} \tag{3-5}$$

式(3-4)中的空间自变量指数:

$$z = -(d+1) \tag{3-6}$$

为此,通过式(3-1)和式(3-2)逻辑演绎成式(3-4),式(3-4)即是空间自变量微分方程。

二、油藏动态时间自变量微分方程

根据式(3-1)的数学模型结构形式,结合油藏动态变量关系的数理统计分析与检验,经研究得出油田应用的时间自变量微分方程式:

$$\frac{dR}{Rdt} = ft^x \tag{3-7}$$

$$\frac{dWOR}{WORdt} = kt^m \tag{3-8}$$

在式(3-7)和式(3-8)中,R(采出程度)和 WOR(水油比)分别是函数关系式的空间应变量;t 是时间自变量;f、k、x 和 m 是经验常数。

三、油藏动态空间自变量微分方程

根据式(3-4)的数学模型结构形式,结合油藏动态统计与分析,经过矿场实测资料验证,研究得出油田应用的空间自变量微分方程式:

$$\frac{d(\text{WOR})}{\text{WOR}dR} = gR^h \qquad (3-9)$$

$$\frac{d(\text{IOR})}{\text{IOR}dR} = sR^n \qquad (3-10)$$

$$\frac{d(\text{IOR})}{\text{IOR}d(\text{WOR})} = j\text{WOR}^y \qquad (3-11)$$

$$\frac{dq_o}{q_o d\Delta p_o} = r\Delta p_o^w \qquad (3-12)$$

式(3-9)中的函数符号 WOR 和 R 与式(3-7)和式(3-8)的相同,g 和 h 是经验常数。在式(3-10)至式(3-12)中,IOR(注油比)和 q_o(平均单井日产油量)分别是空间应变量;R(采出程度)、WOR(水油比)和 Δp_o(生产压差)分别是空间自变量;s、n、j、y、r、w 是经验常数。

式(3-7)至式(3-12)的解析和应用将在下面章节中论述。

第二节　产量递变曲线时间系列

一、升降型产量变化曲线

由时间自变量微分方程式(3-7)解得线性回归公式:

$$\ln\frac{v_o}{R} = K + D\ln t \qquad (3-13)$$

其中:

$$K = \ln f \qquad (3-14)$$

$$D = x \qquad (3-15)$$

式中　v_o——年采油速度,小数;

　　　R——采出程度,小数;

　　　t——油田生产时间,a 或 mon;

　　　K、D——与储层性质和流体物性有关的经验常数,小数。

式(3-13)与文献[6]研究的结果区别在于,前者应变量 $\frac{v_o}{R}$ 与自变量 t 在双对数坐标系上呈线性变化关系(图3-1),后者应变量 $\frac{v_o}{R}$ 与自变量 t 在半对数坐标系上呈线性变化关系。由式(3-7)分离变量积分得另一种线性回归公式：

$$\ln R = E + Ft^U \qquad (3-16)$$

式中　E、F、U——与储层性质和流体物性有关的经验常数,小数。

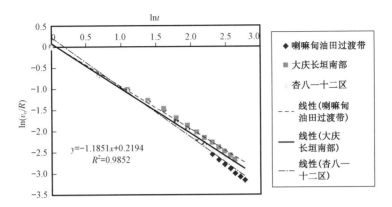

图 3-1　大庆油田开发区产量变化拟合图(一)

式(3-16)中的经验常数又可以用与式(3-13)的换算关系式求得：

$$E = \ln R_1 - Ft_1^U \qquad (3-17)$$

式中　t_1——油田投产初期时间,a 或 mon；

　　　R_1——油田投产初期采出程度,小数。

$$F = \frac{e^K}{U} \qquad (3-18)$$

$$U = D + 1 \qquad (3-19)$$

式(3-16)的应变量 R 与自变量 t^U 在半对数坐标系上呈很好的线性关系(图 3-2)。

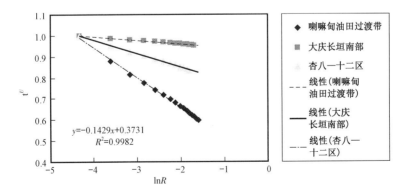

图 3-2　大庆油田开发区产量变化拟合图(二)

由式(3-16)得到采出程度预测式：

$$R = e^{E+Ft^U} \qquad (3-20)$$

由式(3-20)微分得到升降型采油速度变化曲线预测式：

$$v_{o} = FUt^{U-1}e^{E+Ft^{U}}$$

(3-21)

将式(3-20)代入式(3-13)，同样得到升降型采油速度变化曲线预测式：

$$v_{o} = t^{D}e^{K+E+Ft^{U}}$$

(3-22)

不难看出，式(3-21)等同于式(3-22)。另外，若在式(3-22)中令常数 $A = e^{K+E}$，$F = -1, U = 1$，则成为著名的泊松旋回公式[4]。由式(3-21)求导数，令 $v'_{o} = 0$，得到时间极值点 t_{m}：

$$t_{m} = \left(\frac{-D}{FU}\right)^{\frac{1}{U}}$$

(3-23)

因为 $v''_{o} < 0$，所以 t_{m} 对应有采油速度极大值 v_{om}：

$$v_{om} = FU\left(\frac{-D}{FU}\right)^{\frac{D}{U}}e^{E-\frac{D}{U}}$$

(3-24)

式(3-13)、式(3-21)通过若干个油田拟合预测，表明有的油田预测精度有待改进，如图3-1所示。为了使式(3-13)具有应用的普遍性，引入误差修正项 $(\ln t)^{2}$ 后，变成了含二次方项的曲线预测式，根据式(2-4)，其数学表达式为：

$$\ln(v_{o}/R) = a(\ln t)^{2} + b\ln t + c$$

(3-25)

式中　a、b、c——与储层性质和流体物性有关的经验常数，小数。

应用式(3-25)拟合油田开发数据表明，预测精度明显提高，相关系数能达到99%以上(图3-3)。将式(3-16)代入式(3-25)，得到采油速度预测式：

$$v_{o} = t^{b}e^{c+E+Ft^{U}+a(\ln t)^{2}}$$

(3-26)

由式(3-26)求偏导数，令 $v'_{o} = 0$，得到时间极值点 t_{m}：

$$t_{m} = e^{\frac{FUt_{m}^{U}+b}{-2a}}$$

(3-27)

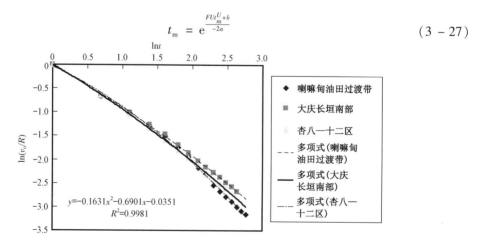

图3-3　大庆油田开发区产量变化拟合图(三)

因为 $v_0'' < 0$，所以 t_m 对应有采油速度极大值 v_m。式(3-27)用迭代法求解 t_m 值。将 t_m 值再代入式(3-26)，即可求得最大采油速度 v_{om} 值。

$$v_{om} = t_m^b e^{c+E+Ft_m^U+a(\ln t_m)^2} \tag{3-28}$$

如果已知油田的最终采收率 E_R，代入式(3-20)解得油田的总开发时间(年或月) t_n：

$$t_n = \left(\frac{\ln E_R - E}{F}\right)^{\frac{1}{U}} \tag{3-29}$$

由上述公式得出以下结论：当 $t < t_m$ 时，v_o 为递增函数；当 $t = t_m$ 时，v_o 为极大值 v_{om}；当 $t > t_m$ 时，v_o 为递减函数。

应用实例分析：

一个油田由若干个开发区块组成，当油田按规划方案在前期分批投产各个区块时，油田的采油速度逐年上升，达到最大采油速度后，在中后期随着投产井数稳定和含水率上升，采油速度又逐年下降。这时应用式(3-16)、式(3-20)和式(3-21)或结合式(3-25)和式(3-26)就能够较好地拟合和预测产油量的变化规律。图3-2和图3-3是各油田的应用拟合曲线，相关系数平方值都大于99%。图3-4和图3-5是各油田的采出程度和采油速度的变化预测曲线，前者预测值与实测值基本符合，后者预测值与实测值的相对误差较小，达到油藏工程应用要求。表3-1是各油田应用式(3-27)至式(3-29)计算得到的最大采油速度和开发年限。通过中后期的井网加密调整，能够提高采油速度，延长开发年限。

表3-1 大庆油田开发区各油田产量拟合参数及指标预测表

油田名称	拟合参数						t_m a	v_{om}	E_R	t_n a
	E	F	U	a	b	c				
杏八—十二区	11.314	-15.478	-0.072	-0.0777	-0.8663	-0.0006	2.9	0.0177	0.6743	48.3
喇嘛甸油田	2.6013	-6.9839	-0.1851	-0.1631	-0.6901	-0.0351	3.0	0.0168	0.4451	48.0
大庆长垣南部	57.617	-62.303	-0.0179	-0.0729	-0.81	-0.0215	6.3	0.0120	0.5682	45.7

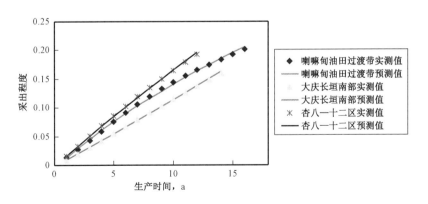

图3-4 大庆油田开发区采出程度与时间预测曲线

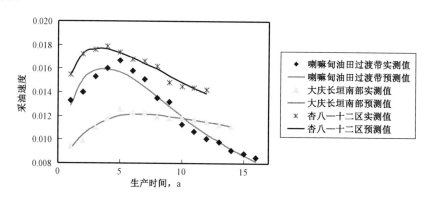

图 3-5 大庆油田开发区采油速度与时间预测曲线

可以采用以下的运算步骤:首先选用式(3-13)线性回归公式进行拟合,算得经验常数 K、D 值,并用式(3-19)算出 U 值,再用式(3-16)进行线性回归求得经验常数 E、F 值,将 E、F、U 值代入式(3-20)预测采出程度 R。应用式(3-25)拟合运算求得经验常数 a、b、c 值,连同 E、F、U 值代入式(3-26)预测采油速度 v_o。

二、递减型产量变化曲线

为单独描述产量在递减阶段的变化规律,由式(3-7)令时间指数 $x = -1$,分离变量积分得到线性回归公式:

$$\ln R = L + X\ln t \tag{3-30}$$

式(3-30)中的经验常数:

$$L = \ln R_1 - f\ln t_1 \tag{3-31}$$

$$X = f \tag{3-32}$$

式中 R——采出程度,小数;

t——油田生产时间,a 或 mon;

t_1——油田投产初期时间,a 或 mon;

R_1——油田投产初期采出程度,小数;

L、X——与储层性质和流体物性有关的经验常数,小数。

式(3-30)的应变量 R 与自变量 t 在双对数坐标系上呈线性变化关系(图3-6)。

由式(3-30)得到多次抛物线幂函数关系的采出程度预测公式:

$$R = e^L t^X \tag{3-33}$$

由式(3-33)微分得到递减型年采油速度 v_o 变化曲线的预测公式:

$$v_0 = X e^L t^{X-1} \tag{3-34}$$

由式(3-7)令 $x = -1$,分离变量代入边界值积分得到油田总开采时间:

$$t_n = t_1 \left(\frac{E_R}{R_1}\right)^{\frac{1}{X}} \tag{3-35}$$

式中　t_{n}——油田总开采时间,a 或 mon;

　　　t_1——油田投产初期时间,a 或 mon;

　　　R_1——油田投产初期采出程度,小数;

　　　E_{R}——油田最终采收率,小数;

　　　L、X——与储层性质和流体物性有关的经验常数,小数。

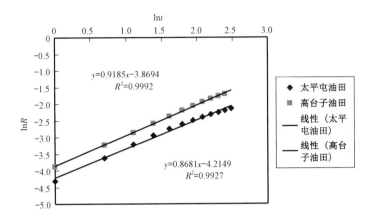

图 3 - 6　油田产量递减规律(直线型)拟合图

或由式(3 - 33)得到:

$$t_{\mathrm{n}} = \left(E_{\mathrm{R}} \mathrm{e}^{-L} \right)^{\frac{1}{X}} \tag{3 - 36}$$

由式(3 - 34)求导数并令 $v'_{\mathrm{o}} = 0$,解得 $X = 1$,表明在投产初期 $t_1 = 1$ 时是极值点,由式(3 - 34)得到最大采油速度算式:

$$v_{\mathrm{om}} = \mathrm{e}^{L} \tag{3 - 37}$$

为了提高预测精度,在式(3 - 30)中引入误差修正二次方项 $[\ln(t)]^2$,变成了曲线回归预测式,其数学表达式为:

$$\ln R = m \left(\ln t \right)^2 + n \ln t + h \tag{3 - 38}$$

式中　R——采出程度,小数;

　　　t——油田生产时间,a 或 mon;

　　　m、n、h——与储层性质和流体物性有关的经验常数,小数。

应用式(3 - 38)对产量递减阶段的采出程度进行拟合的精度很高(图 3 - 7)。由式(3 - 38)得到采出程度预测公式:

$$R = t^n \mathrm{e}^{h + m(\ln t)^2} \tag{3 - 39}$$

由式(3 - 39)微分得到递减型采油速度变化曲线的预测公式:

$$v_{\mathrm{o}} = \left(n + 2m \ln t \right) t^{n-1} \mathrm{e}^{h + m(\ln t)^2} \tag{3 - 40}$$

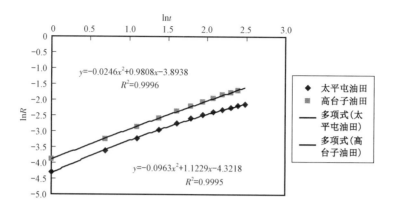

图 3 – 7 油田产量递减规律(曲线型)拟合图

将投产初期第一年 $t_1 = 1$ 代入式(3 – 40),得到最大采油速度计算式:

$$v_{om} = ne^h \tag{3 – 41}$$

将 E_R 值代入式(3 – 39),解得递减期的开发时间 t_v:

$$t_v = \left[E_R e^{-h-m(\ln t)^2} \right]^{\frac{1}{n}} \tag{3 – 42}$$

对于一个新油田(区块),在注采井数不变和压力保持稳定的条件下,随着含水率的增加,产油量要出现逐年的自然递减,这与岩心的水驱油试验很相似。这时候采用式(3 – 39)和式(3 – 40)进行产量预测,效果是令人满意的。图 3 – 8 是太平屯和高台子两个油田的产量递减曲线,采出程度和采油速度的预测值与实际值的相对误差多数在 0.5% 以内,符合率较高。

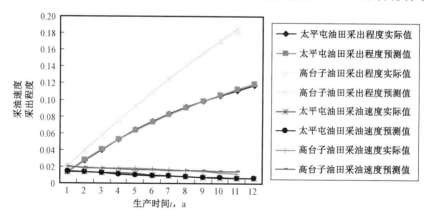

图 3 – 8 油田产量递减规律预测曲线图

三、3 种递减规律的通用公式

根据递减型产量变化曲线的公式[式(3 – 30)][1],能够导出产油量的 3 种递减规律的通用

---

[1] 引自钟德康所著的《油田产量变化规律的演绎构模预测》,大庆油田有限责任公司勘探开发研究院,2012 年。

公式。推导过程如下：

由式(3 – 30)两端微分再代入式(3 – 30)得：

$$\frac{\mathrm{d}v_o}{v_o \mathrm{d}t} = \frac{X - 1}{t} \tag{3 – 43}$$

将初始边界值代入式(3 – 34)得：

$$v_1 = X\mathrm{e}^L t_1^{X-1} \tag{3 – 44}$$

由式(3 – 34)除以式(3 – 44)得：

$$\frac{v_o}{v_1} = \left(\frac{t}{t_1}\right)^{X-1} \tag{3 – 45}$$

将式(3 – 45)代入式(3 – 43)得：

$$\frac{\mathrm{d}v_o}{v_o \mathrm{d}t} = \frac{X - 1}{t_1} \left(\frac{v_o}{v_1}\right)^{\frac{1}{1-X}} \tag{3 – 46}$$

式中　v_o——历年采油速度,小数；

　　　v_1——产量递减期的初始年采油速度,小数；

　　　t——油田生产时间,a 或 mon；

　　　t_1——产量递减期的初始时间,a 或 mon；

　　　X——与储层性质和流体物性有关的经验常数,小数。

由产量递减率的定义式得到：

$$a = -\frac{\mathrm{d}v_o}{v_o \mathrm{d}t} = -\frac{\mathrm{d}Q_o}{Q_o \mathrm{d}t} \tag{3 – 47}$$

将式(3 – 46)代入式(3 – 47)得产量的 3 种递减规律预测通式,与美国 J. J. 阿尔浦斯(Arps)提出的公式结构相同[1]：

$$a = a_o \left(\frac{Q_o}{Q_1}\right)^{\frac{1}{n}} \tag{3 – 48}$$

式中　Q_o、Q_1——递减期的产油量和初始产油量,10^4t/a 或 10^4t/mon；

　　　a、a_o——产油量递减率和初始递减率,a^{-1} 或 mon^{-1}；

　　　n——递减指数,小数。

由式(3 – 46)至式(3 – 48)对比得出：

$$a_o = \frac{X - 1}{t_1} \tag{3 – 49}$$

$$n = 1 - X \tag{3 – 50}$$

---

[1] 引自张朝琛等编写的《油藏工程方法手册》,石油部油田开发技术培训中心,1980 年 12 月。

$$\frac{Q_o}{Q_1} = \frac{v_o}{v_1} \tag{3-51}$$

将式(3-47)和式(3-51)代入式(3-48)，并将 t_1 对应的 v_1 改成 t_o 对应的 v_{oi}，分离变量积分，得到递减期采油速度随时间变化关系式：

$$v_o = \frac{v_{oi}}{\left(1 + \frac{a_o}{n}t\right)^n} \tag{3-52}$$

将式(3-52)再积分，得到采出程度与开发时间的关系式：

$$R = \frac{v_o n}{a_o(1-n)}\left[\left(1 + \frac{a_o}{n}t\right)^{1-n} - 1\right] + v_{oi} \tag{3-53}$$

据文献[7]研究，在式(3-52)中，当 $1 < n \leqslant 10^4$ 时，$a = a_o\left(\dfrac{v_o}{v_{oi}}\right)^{\frac{1}{n}}$，此为双曲线递减规律；当 $10^4 < n \leqslant \infty$ 时，$a = a_o = \text{Const}$，此为指数递减规律；当 $n = 1$ 时，$a = a_o\left(\dfrac{v_o}{v_{oi}}\right)$，此为调和递减规律。

应该说明，因为公式的差异导致初始值计算规则不同，在式(3-43)至式(3-46)中，时间 t 的定义域是 $1 \sim t_n$，在式(3-47)至式(3-53)中，时间 t 的定义域是 $0 \sim t_n$。式(3-49)和式(3-50)是一种结构关系，作为分析式，不能用于直接计算 a_o 和 n 值，以免产生误差。下面推荐一种计算 a_o 和 n 值的计算式和方法。将式(3-52)两端取对数，变换成线性回归方程式：

$$\ln v_o = \ln v_{oi} - n\ln\left(1 + \frac{a_o}{n}t\right) \tag{3-54}$$

设 $x = \dfrac{a_o}{n}$，代入式(3-54)得：

$$\ln v_o = \ln v_{oi} - n\ln(1 + xt) \tag{3-55}$$

采用试算方法，在式(3-55)中代入不同的 x 值，同时用油田实际资料 $(v_o、t)$ 输入式(3-55)进行线性拟合运算，当相关系数达到最大时（一般情况下，$R = 95\% \sim 99\%$），这时拟合得到的 n 值即为可用递减指数，再用下式求出对应 x 值的初始递减率 a_o：

$$a_o = xn \tag{3-56}$$

应用实例分析：

将喇嘛甸油田(过渡带)产量递减阶段的生产数据，用式(3-55)进行回归运算，在双对数坐标轴上是一条拟合较好的直线，相关系数平方值达到 98.65%（图3-9）。算得 $n = 1.0564$（n 应取正值），$a_o = 0.0951$，再将算得的 n 和 a_o 值分别代入式(3-52)和式(3-53)，预测得到的历年采油田速度 v_o 和采出程度 R 值与实际值基本符合（图3-10）。根据 n 值所处的范围，可以确定该曲线表现为双曲线递减规律。

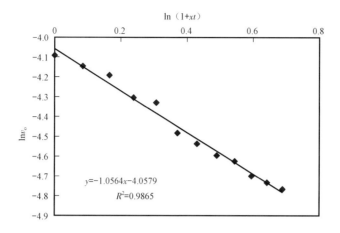

图3-9 喇嘛甸油田产量递减规律拟合图

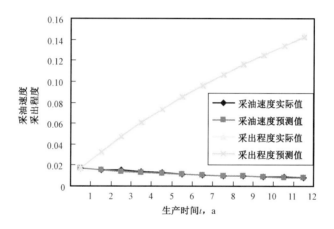

图3-10 喇嘛甸油田产量递减预测曲线图

第三节 水驱特征曲线空间系列

一、多次幂指数型广义水驱特征曲线

由多次幂指数型函数表达的通用预测公式●,区分为一类广义水驱特征曲线(即是累计产水与累计产油关系曲线)和二类广义水驱特征曲线(即是含水率与采出程度关系曲线)。在1990年首先由文献[8]研究和提出了式(3-57),式(3-9)分离变量积分即得多次幂指数型二类广义水驱特征曲线的表达式[8]:

$$\ln \text{WOR} = D + ER^F \qquad (3-57)$$

● 引自钟德康所著的《多次幂指数型广义水驱特征曲线分析及应用研究》,大庆油田有限责任公司勘探开发研究院,2016年2月。

其中：
$$D = \ln \text{WOR}_1 - ER_1^F \tag{3-58}$$

$$E = \frac{g}{h+1} \tag{3-59}$$

$$F = h + 1 \tag{3-60}$$

式中的经验常数 F 和 h 是水驱特征指数,经验常数 D 和 E 是水驱特征参数。二类广义水驱特征曲线的曲线形态如图 3-11 和图 3-12 所示。从图 3-11 看到,二类曲线形态与水驱特征指数 F 和油水黏度比 M_n 密切相关。关于多次幂指数型一、二类广义水驱特征曲线的定义域、函数所属类型、各种曲线形态及渗流规律、经验常数计算方法和应用效果等研究内容,请参阅本书第六章第二节内容。

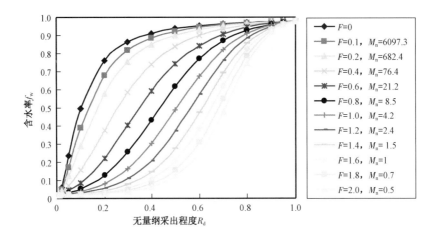

图 3-11　二类广义水驱特征曲线变化图

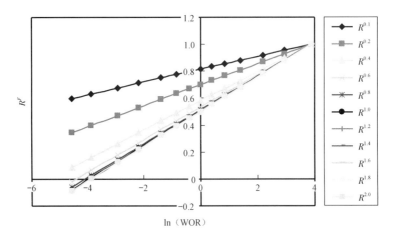

图 3-12　二类广义水驱特征曲线线性回归图

二、幂函数型水驱特征曲线

在式(3-9)中令 $h = -1$,分离变量积分得到线性回归公式:

$$\ln\text{WOR} = M + N\ln R \tag{3-61}$$

式(3-61)中的经验常数:

$$M = \ln\text{WOR}_1 - N\ln R_1 \tag{3-62}$$

$$N = g \tag{3-63}$$

式中　WOR_1——油田投产初期的水油比,无量纲;

　　　R_1——油田投产初期的采出程度,小数;

　　　M、N、g——与储层性质和流体物性有关的经验常数,小数。

由式(3-61)得水油比的幂函数关系预测式:

$$\text{WOR} = e^M R^N \tag{3-64}$$

由式(3-64)得到最终采收率预测式:

$$E_R = \left(\frac{\text{WOR}_e}{e^M}\right)^{\frac{1}{N}} \tag{3-65}$$

式中　WOR_e——极限水油比(一般取含水率为0.95~0.98进行计算),无量纲;

　　　E_R——最终采收率,小数。

在图3-11中上面第一条凸形水驱特征曲线(即$F=0$的曲线)是幂函数型水驱特征曲线,由式(3-64)算得变化值,是多次幂指数型广义水驱特征曲线的上限值。式(3-61)适用于拟合预测凸形的水驱特征曲线。

三、指数型水驱特征曲线

在式(3-9)中令$h=0$,分离变量积分得到线性回归公式:

$$\ln\text{WOR} = S + TR \tag{3-66}$$

其中:

$$S = \ln\text{WOR}_1 - TR_1 \tag{3-67}$$

$$T = g \tag{3-68}$$

式中　WOR——水油比,无量纲;

　　　R——采出程度,小数;

　　　WOR_1——油田投产初期的水油比,无量纲;

　　　R_1——油田投产初期的采出程度,小数;

　　　S、T、g——与储层性质和流体物性有关的经验常数,小数。

式(3-66)即是原有的乙型水驱特征曲线[9]。

由式(3-66)得到水油比的指数函数关系预测式:

$$\text{WOR} = e^{S+TR} \tag{3-69}$$

由式(3-66)得到最终采收率预测式:

$$E_\text{R} = \frac{\ln \text{WOR}_\text{e} - S}{T} \tag{3-70}$$

式中 WOR_e——极限水油比(一般取含水率为 0.95 ~ 0.98 计算),无量纲;

E_R——最终采收率,小数。

指数型水驱特征曲线是多次幂指数型广义水驱特征曲线的特例,实践表明,式(3-66)适用于拟合预测 S 形水驱特征曲线(图 3-11)。

四、幂指方型水驱特征曲线

在式(3-9)中令 $h=1$,分离变量积分得到线性回归公式:

$$\ln \text{WOR} = X + YR^2 \tag{3-71}$$

其中:

$$X = \ln \text{WOR}_1 - YR_1^2 \tag{3-72}$$

$$Y = \frac{g}{2} \tag{3-73}$$

式中 X、Y、g——与储层性质和流体物性有关的经验常数,小数。

由式(3-71)得到水油比的幂指方函数关系预测式:

$$\text{WOR} = e^{X+YR^2} \tag{3-74}$$

由式(3-71)得到最终采收率预测式:

$$E_\text{R} = \left(\frac{\ln \text{WOR}_\text{e} - X}{Y} \right)^{\frac{1}{2}} \tag{3-75}$$

在图 3-11 中最下面一条凹形水驱特征曲线(即 $F=2$ 的曲线)是幂指方型水驱特征曲线,由式(3-74)计算得到变化值,是多次幂指数型广义水驱特征曲线的下限值。式(3-71)适用于拟合预测凹形水驱特征曲线。

应用效果分析:

例如,应用太平屯油田开发前期(含水率为 5.3% ~ 68.4%)的动态资料对式(3-57)进行拟合运算,相关系数平方值高达 0.9964。太平屯油田实测二类水驱特征曲线的特征指数 $F=0.3629$,决定了水驱特征曲线的形态是偏凸形,其动态拟合的高相关系数和指数值 F 决定了函数的属性是多次幂指数型水驱特征曲线。若用相同资料分别对式(3-61)和式(3-66)拟合,相关系数平方值分别仅为 0.9899 和 0.9475,表明太平屯油田不适用于以描述 S 形曲线为主的指数型水驱特征曲线和以描述凸形曲线为主的幂函数型水驱特征曲线(图 3-13)。用开发前期的拟合特征参数 D、E、F 值,代入式(3-57)即可预测开发后期的生产动态。对于太平屯油田实测一类水驱特征曲线进行计算分析,同样得到相同的预测效果和结论(图 3-14)。

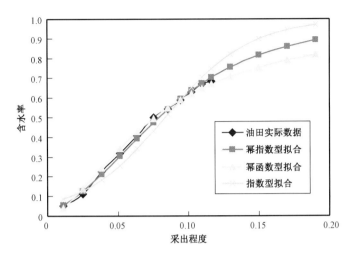

图 3 - 13 太平屯油田二类各型水驱特征曲线预测效果图

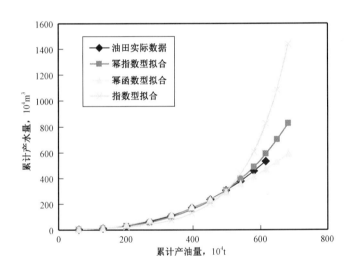

图 3 - 14 太平屯油田一类各型水驱特征曲线预测效果图

第四节 流体比例曲线变量系列

一、水油比时间自变量曲线

当在空间自变量微分方程式(3-9)中令 $h = -1$,再与时间自变量微分方程式(3-7)相乘,即组合构成式(3-8),则式(3-8)与式(3-7)和式(3-9)的系数换算式为:

$$k = fg \tag{3-76}$$

$$m = e \tag{3-77}$$

由式(3-8)分离变量积分得到水油比的时间指数自变量线性回归公式:

$$\ln \text{WOR} = P + Qt^O \tag{3-78}$$

其中:

$$P = \ln \text{WOR}_1 - Qt_1^O \tag{3-79}$$

$$Q = \frac{k}{O} \tag{3-80}$$

$$O = m + 1 \tag{3-81}$$

式中 k、m、P、Q、O——与储层性质和流体物性有关的经验常数,小数。

由式(3-78)中的水油比换算为含水率预测式:

$$f_w = \frac{\text{WOR}}{1 + \text{WOR}} \tag{3-82}$$

应用实例:

图3-15是大庆油田小井距试验区和太平屯油田分别应用水油比的时间自变量公式[式(3-78)和式(3-82)]进行预测的实例。水油比对数值 $\ln \text{WOR}$ 与时间指数值 t^O 进行拟合,线性回归的相关系数都在98%以上,预测效果较好。

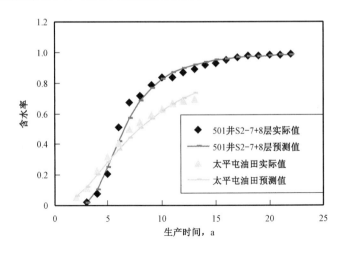

图3-15 油田—井层含水率拟合预测曲线

二、注油比空间自变量曲线

1. 注油比与采出程度关系式

式(3-10)中,令 $n=0$,分离变量积分得到线性回归公式:

$$\ln \text{IOR} = I + JR \tag{3-83}$$

其中:

$$I = \ln \text{IOR}_1 - JR_1 \tag{3-84}$$

$$J = s \tag{3-85}$$

式中　IOR——注油比(年注水量与年产油量的比值),无量纲;

　　　R——采出程度,小数;

　　　IOR_1——油田投产初期的注油比,无量纲;

　　　R_1——油田投产初期的采出程度,小数;

　　　s、I、J——与储层性质和流体物性有关的经验常数,小数。

由式(3-83)得到注油比的指数函数关系预测式:

$$IOR = e^{I+JR} \tag{3-86}$$

式(3-83)的预测应用实例参见第五章第二节的相关内容。

2. 注油比与水油比关系式

式(3-11)中,令 $y = -1$,分离变量积分得到线性回归公式:

$$\ln IOR = \ln G + H \ln WOR \tag{3-87}$$

其中:

$$G = \frac{IOR_1}{WOR_1^H} \tag{3-88}$$

$$H = j \tag{3-89}$$

由式(3-87)得到注油比的幂函数关系预测式:

$$IOR = G \cdot WOR^H \tag{3-90}$$

将式(3-90)代入式(3-83),即得水油比幂函数与采出程度的相关方程式:

$$\ln(G \cdot WOR^H) = I + JR \tag{3-91}$$

式中　j、G、H、I、J——与储层性质和流体物性有关的经验常数,小数。

式(3-91)与文献[10]通过用累计注采量的经验公式推导的结果相同。

式(3-91)的预测应用实例参见第五章第二节的相关内容。

三、注采比空间自变量曲线

根据注采比的定义式:

$$IPR = \frac{Q_{IW}}{Q_o\left(\dfrac{B_o}{\gamma_o} + WOR\right)} \tag{3-92}$$

式中　IPR——注采比(年注水量与年产液量的比值),无量纲;

　　　Q_{IW}——年注水量,$10^4 m^3/a$;

　　　Q_o——产油量,$10^4 t/a$;

　　　B_o——地层油体积系数,无量纲;

　　　γ_o——油的相对密度,无量纲。

注油比的定义式为：

$$\text{IOR} = \frac{Q_{\text{IW}}}{Q_{\text{o}}} \qquad (3-93)$$

将式(3-93)和式(3-90)代入式(3-92)得到注采比的通用预测公式：

$$\text{IPR} = \frac{G \cdot \text{WOR}^H}{\dfrac{B_{\text{o}}}{\gamma_{\text{o}}} + \text{WOR}} \qquad (3-94)$$

式中　G、H——与储层性质和流体物性有关的经验常数，小数。

将式(3-94)取对数，则得到线性回归算式：

$$\ln\left[\text{IPR}\left(\frac{B_{\text{o}}}{\gamma_{\text{o}}} + \text{WOR}\right)\right] = \ln G + H\ln\text{WOR} \qquad (3-95)$$

式(3-94)与文献[10]通过用累计注采量的经验公式推导的结果相同。

式(3-94)的预测应用实例参见第五章第二节的相关内容。

四、采油指数空间自变量曲线

式(3-12)中，令 $w = -1$，分离变量积分得到线性回归公式：

$$\ln q_{\text{o}} = \ln X + Y\ln\Delta p_{\text{o}} \qquad (3-96)$$

其中：

$$X = \frac{q_{\text{o1}}}{\Delta p_{\text{o1}}^Y} \qquad (3-97)$$

$$Y = r \qquad (3-98)$$

式中　q_{o}——单井产油量，t/d；

　　　Δp_{o}——生产压差，MPa；

　　　q_{o1}——投产初期的单井产油量，t/d；

　　　Δp_{o1}——投产初期的生产压差，MPa；

　　　r、X、Y——与储层性质和流体物性有关的经验常数，小数。

由式(3-96)得到单井日产油量的幂函数关系预测式：

$$q_{\text{o}} = X\Delta p_{\text{o}}^Y \qquad (3-99)$$

式(3-99)与文献[11]用实验的渗流速度微分方程解得结果相同。

根据采油指数的定义式：

$$J_{\text{o}} = \frac{q_{\text{o}}}{\Delta p_{\text{o}}} \qquad (3-100)$$

式中　J_{o}——采油指数，m³/(MPa·d)。

将式(3-100)代入式(3-99)得到采油指数的幂函数关系预测式：

$$J_{\text{o}} = X\Delta p_{\text{o}}^{Y-1} \tag{3-101}$$

在油田实际应用中,一般采用式(3-100)进行生产动态分析。式(3-99)和式(3-101)可用于理论分析和精细预测。

参 考 文 献

[1] 恩格斯. 自然辩证法[M]. 北京:人民出版社,1959.

[2] [美]戴姆 C L,艾维 E S. 数学构模原理[M]. 新华,译. 北京:海洋出版社,1985.

[3] 黄伏生,赵永胜,刘青年. 油田动态预测的一种新模型[J]. 大庆石油地质与开发,1987,6(4):59-66.

[4] 翁文波. 预测论基础[M]. 北京:石油工业出版社,1984.

[5] 陈钦雷,等. 油田开发设计与分析基础[M]. 北京:石油工业出版社,1982.

[6] 胡建国,陈元千,张盛宗. 预测油气田产量的新模型[J]. 石油学报,1995,16(1):79-87.

[7] 钟德康. 油田产量递减公式的探讨和应用[J]. 石油勘探与开发,1990(6):49-57.

[8] 钟德康. 水驱曲线的预测方法和类型判别[J]. 大庆石油地质与开发,1990,9(2):33-37.

[9] 童宪章. 天然水驱和人工注水油藏的统计规律探讨[J]. 石油勘探与开发,1978(6):40-69,81.

[10] 钟德康. 注采比变化规律及矿场应用[J]. 石油勘探与开发,1997,24(6):65-69.

[11] 石油院校教研编写组. 地下流体力学[M]. 北京:中国工业出版社,1964.

第四章　井网系统优化设计

科学、合理地设计和编制油田开发方案,是提高经济效益和社会效益的基础措施,其中井网系统的优化设计是关键问题。进行井网系统的优化设计,需要有正确的数学模型作工具。本章的第一节至第五节分别对井网密度、注水方式、单井产油量、采油速度、压力界限等优化内容的公式推导与测算方法进行研究。

第一节　井网密度的优化设计

一、平均最大产量井网密度

油田开发的指标设计及效果分析往往在一定的评价期内进行。设评价期内平均采油速度的关系式(由基本定义式导出)为:

$$\bar{v}_o = \frac{10^{-4}\bar{q}_o fT}{I_o\left(1 + \dfrac{1}{M}\right)} \tag{4-1}$$

式中　$\bar{v}_o$——评价期内平均年采油速度,小数;

　　　$\bar{q}_o$——评价期内单井平均产油量,t/d;

　　　f——井网密度,口/km²;

　　　T——年生产时间,d;

　　　I_o——单储系数,10^4t/km²;

　　　M——油水井数比,小数。

由定义式得到采出程度表达式:

$$R = \bar{v}_o t \tag{4-2}$$

$$R = W_i E_R \tag{4-3}$$

式中　t——评价期的时间,a;

　　　R——评价期的采出程度,小数;

　　　W_i——评价期的采出程度与最终采收率的比值,小数;

　　　E_R——最终采收率,小数。

由谢尔卡乔夫公式[1]可得到:

$$E_R = E_D e^{-\frac{B}{f}} \tag{4-4}$$

式中 E_D——驱油效率,小数;

e——自然对数的底值,小数;

B——与储层性质和流体物性有关的经验常数,小数。

将式(4-2)至式(4-4)代入式(4-1),得到评价期内单井平均日产油量表达式:

$$\overline{q}_o = \frac{I_o\left(1+\dfrac{1}{M}\right)W_i E_D e^{-\frac{B}{f}}}{10^{-4}fTt} \tag{4-5}$$

由式(4-5)用 $\overline{q}_o$ 对井网密度 f 求偏导数,并令 $\dfrac{dq_o}{df}=0$,解得评价期内单井平均最大日产油量的井网密度计算式:

$$f_n = B \tag{4-6}$$

将式(4-6)代入式(4-5),得到评价期内单井平均最大产油量计算式:

$$\overline{q}_{om} = \frac{I_o\left(1+\dfrac{1}{M}\right)W_i E_D}{10^{-4}eBtT} \tag{4-7}$$

式中 $\overline{q}_{om}$——评价期内单井平均最大产油量,t/d;

f_n——评价期内单井平均最大日产油量的井网密度,口/km²。

图4-1是海拉尔油田由式(4-5)计算得到的主要开发区块不同井网密度的单井平均日产油量变化曲线,当 $f_n = B$ 时,单井平均日产油量即为最大值。各主要开发区块应用式(4-6)计算得到的单井平均最大日产油量的井网密度见表4-1。

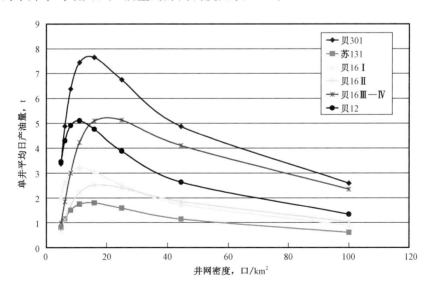

图4-1 海拉尔油田主要区块单井平均日产油量与井网密度关系曲线

表 4-1　海拉尔油田主要开发区块优化井网密度计算结果表

区块		贝301	苏131	贝16Ⅰ油组	贝16Ⅱ油组	贝16Ⅲ—Ⅳ油组	贝12
井网密度口/km²	原方案设计	19.8	20.7	19.8	25	25	13.2
	水驱油采收率算法	27.4	19.9	19.6	—	—	11.2
	平均最大产量算法	14.3	14.2	11.3	17.9	20.1	10.7
	采油速度迭代算法	20.3	20.9	23.4	23.3	34.1	15.6
	最大利润值算法	39.3	16.7	19.3	23.8	35.6	15.8
	经济极限值算法	—	19.6	32.9	31.7	62.9	23.5
采用井网密度,口/km²		20.5	20.5	20.5	25	25	16
合理井距,m		200~250	220	200~250	200	200	250
水驱控制程度,%		76.9	76.9	76.9	90	90	60.2
最大利润值,亿元		13.18	0.36	0.55	0.31	3.31	1.22
最终采收率,%		38.9	29.8	28.1	24.3	28.6	28.9

二、水驱控制程度井网密度

根据文献[1]引用北京石油勘探开发科学研究院的统计分析我国37个开发单元或区块的资料,对该Ⅰ至Ⅴ类油层的资料进行拟合分析后,得出水驱控制程度与井网密度的指数关系式:

$$H_h = Ce^{-\frac{B}{f}} \tag{4-8}$$

式(4-8)两端取对数得到线性回归公式:

$$\ln H_h = \ln C - \frac{B}{f} \tag{4-9}$$

根据定义式得:

$$E_R = E_D E_V \tag{4-10}$$

将式(4-8)、式(4-10)与式(4-4)进行对比分析,得到体积波及系数和水驱控制程度的计算式:

$$E_V = e^{-\frac{B}{f}} \tag{4-11}$$

$$H_h = CE_V = C\frac{E_R}{E_D} \tag{4-12}$$

式中　H_h——水驱控制程度,小数;

f——井网密度,口/km²;

E_R——最终采收率,小数;

E_D——驱油效率,小数;

E_V——体积波及系数,小数;

B、C——与储层性质和流体物性有关的经验常数,小数。

将式(4-6)代入式(4-8),得到单井平均最大日产油量的水驱控制程度计算式:

$$H_h = \frac{C}{e} \qquad (4-13)$$

将式(4-13)代入式(4-8),得到最佳水驱控制程度条件下的井网密度计算式,与式(4-6)相同。应用式(4-9),能够预测水驱控制程度条件下的井网密度。图4-2是根据上述Ⅰ至Ⅴ类油层资料按式(4-9)回归的线性关系图。

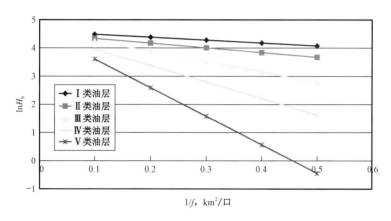

图4-2　各类油层水驱控制程度与井网密度关系曲线

H_h—水驱控制程度;f—井网密度

据海拉尔油田贝301试验区资料,在井网密度为25口/km²条件下,水驱控制程度达到90%左右。又据苏131区块20口井资料统计,在平均井网密度为20.7口/km²情况下,水驱控制程度达到77.6%。将以上两组数据代入式(4-9)进行计算,得到该区井网密度预测式:

$$f = \frac{17.841}{5.2134 - \ln H_h} \qquad (4-14)$$

文献[1]中的4类油层和多断层低渗透5类油层的拟合公式分别为:

$$f = \frac{5.8277}{4.5428 - \ln H_h} \qquad (4-15)$$

$$f = \frac{10.123}{4.6152 - \ln H_h} \qquad (4-16)$$

将式(4-14)至式(4-16)计算结果列入表4-2,可以看出各式预测的井网密度在高水驱控制程度偏差较大,采用式(4-14)预测符合本地区油田的实际情况。按照SY/T 5843—2003《砂岩油田开发方案编制技术要求　开发地质油藏工程部分》[2],水驱控制程度一般应大于60%,代入式(4-14)计算得到井网密度应不低于15.9口/km²,要求井距为232~250m(表4-1)。

三、水驱油采收率井网密度

将海拉尔油田贝301区块、苏131区块、贝16区块(Ⅰ油组)和贝12区块的相关数据代入式(4-4)的对数式进行二元回归计算,得到二元线性方程式:

$$\ln E_{\mathrm{R}} = -0.5246 + 0.5038\ln E_{\mathrm{D}} - 8.4722\,\frac{1}{f} \tag{4-17}$$

式(4-17)的相关系数 $R = 0.9941$，剩余标准离差 $S = 0.0393$。

由式(4-17)得到井网密度预测式：

$$f = \frac{-8.4722}{\ln E_{\mathrm{R}} + 0.5246 - 0.5038\ln E_{\mathrm{D}}} \tag{4-18}$$

由式(4-18)预测的井网密度及井距与原方案设计的井网密度及井距基本符合(表4-1)。因此，式(4-18)可以作为海拉尔油田井网密度的预测式之一。

四、采油速度迭代井网密度

根据文献[3]推导出油水两相相对渗透率比值与采出程度关系式：

$$\frac{K_{\mathrm{rw}}}{K_{\mathrm{ro}}} = \frac{R^{m}}{\left(1 - \dfrac{R}{E_{\mathrm{R}}}\right)^{n}} \tag{4-19}$$

式中　K_{rw}——残余油饱和度对应的水相相对渗透率，无量纲；

K_{ro}——初含水饱和度对应的油相相对渗透率，无量纲；

R——评价期的采出程度，小数；

E_{R}——最终采收率，小数；

m、n——与储层性质和流体物性有关的经验常数，小数。

根据注采平衡原理和极值原理推导出初期合理油水井数比计算式：

$$M = \sqrt{\frac{J_{\mathrm{w}}\gamma_{\mathrm{o}}b}{J_{\mathrm{o}}B_{\mathrm{o}}}} \tag{4-20}$$

式中　M——初期合理油水井数比，小数；

J_{w}、J_{o}——初期吸水指数和采油指数，$\mathrm{m}^{3}/(\mathrm{MPa}\cdot\mathrm{d})$；

γ_{o}——地面原油密度，$\mathrm{t/m}^{3}$；

B_{o}——原油体积系数，无量纲；

b——与储层性质和流体物性有关的经验常数，小数。

根据油水两相渗流规律，在压力稳定条件下，由文献[3]的相关公式导出关系式：

$$\frac{J_{\mathrm{w}}}{J_{\mathrm{o}}} = \frac{K_{\mathrm{rw}}\mu_{\mathrm{o}}B_{\mathrm{o}}}{K_{\mathrm{ro}}\mu_{\mathrm{w}}\gamma_{\mathrm{o}}} \tag{4-21}$$

将式(4-21)代入式(4-20)得到另一种合理油水井数比表达式：

$$M = \sqrt{\frac{K_{\mathrm{rw}}\mu_{\mathrm{o}}b}{K_{\mathrm{ro}}\mu_{\mathrm{w}}}} \tag{4-22}$$

式中　μ_{o}——地下原油黏度，$\mathrm{mPa}\cdot\mathrm{s}$；

μ_{w}——地下水黏度，$\mathrm{mPa}\cdot\mathrm{s}$。

将式(4-22)代入式(4-19)解得投产第一年的采油速度表达式:

$$v_{\mathrm{o}} = \left(\frac{M^2}{\mu_\tau b}\right)^{\frac{1}{m}} \left(1 - \frac{v_{\mathrm{o}}}{E_{\mathrm{R}}}\right)^{\frac{n}{m}} \qquad (4-23)$$

式中　v_{o}——投产初期平均年采油速度,小数;

　　　μ_τ——油水黏度比,无量纲。

将海拉尔油田4个主要开发区块含6套油层组的有关数据[1]代入式(4-23)进行拟合运算,得到初期采油速度的相关方程式:

$$v_{\mathrm{o}} = E_{\mathrm{R}}\left[1 - (232.5581 v_{\mathrm{o}})^{-0.0431}\left(\frac{M^2}{\mu_\tau b}\right)^{0.0179}\right] \qquad (4-24)$$

式(4-24)的相关系数 $R = 0.9931$,剩余标准离差 $S = 0.0747$。

式(4-24)用迭代算法首先求得初期采油速度 v_{o} 值,再代入式(4-1)经变换求得初期合理井网密度:

$$f = \frac{v_{\mathrm{o}} I_{\mathrm{o}}\left(1 + \dfrac{1}{M}\right)}{q_{\mathrm{o}} T \times 10^{-4}} \qquad (4-25)$$

各主要开发区块用式(4-24)和式(4-25)求得的井网密度见表4-1。

五、经济评价优化井网密度

1. 油田开发时间(评价期)内井网密度自变量的利润值变化关系式

通过对油田开发商品油的收入、支出和利润的数量分析,建立井网密度自变量的利润值变化关系式:

$$Z = W_{\mathrm{i}} E_{\mathrm{D}} N p\left[U_0 - E_0(1 + Jt) - F_0\right]\mathrm{e}^{-\frac{B}{f}} - f A_0 (10^{-4} C_0 H_{\mathrm{z}} + D_0 + G)(1 + T_0 I)$$

$$(4-26)$$

式中　Z——油田开发评价期内的累计利润值,万元;

　　　W_{i}——油田开发评价期内采出可采储量的采出程度,小数;

　　　E_{D}——油田驱油效率,小数;

　　　N——原油地质储量,$10^4\mathrm{t}$;

　　　p——原油商品率,小数;

　　　J——操作费年上升率,小数;

　　　t——油田开发评价期,a;

　　　B——与储层性质和流体物性有关的经验常数,小数;

　　　f——油田开发评价期内的井网密度,口/km^2;

　　　U_0——商品油价格,元/t;

---

[1] 引自钟德康所著的《海拉尔盆地主要区块开发技术界限研究》,大庆管理局勘探开发研究院,2015年12月。

E_0——操作费(包括油水井作业费、生产管理费、职工福利费等),元/t;

F_0——税金(包括所得税、资源税、增值税等),元/t;

A_0——布井区含油面积,km^2;

C_0——钻井费,元/m;

H_z——钻井深度,m;

D_0——基建费(包括系统工程和矿建等),万元/口;

G——施工费(包括射孔、压裂等),万元/口;

I——贷款利率,小数;

T_0——贷款年限,小数。

2. 油田开发时间(评价期)内最大利润值的井网密度计算式

由井网密度自变量的经济平衡关系式(4-26),解得油田评价期内最大利润值的井网密度计算式:

$$f_m = \left\{ \frac{BW_iE_RI_op[U_0 - E_0(1 + Jt) - F_0]}{(10^{-4}C_0H_z + D_0 + G)(1 + T_0I)} \right\}^{0.5} \qquad (4-27)$$

式中　f_m——油田开发评价期内的最大累计利润值的井网密度,口/km^2;

　　　E_R——油田最终采收率,小数;

　　　I_o——储量丰度,$10^4 t/km^2$。

3. 油田开发时间(评价期)内井网密度的最大利润值计算式

将式(4-27)代入式(4-26),得到评价期内井网密度的最大利润值计算式:

$$Z_m = W_iE_DNp[U_0 - E_0(1 + Jt) - F_0]e^{-\frac{B}{f_m}} - f_mA_0(10^{-4}C_0H_z + D_0 + G)(1 + T_0I)$$

$$(4-28)$$

式中　Z_m——油田开发评价期内的井网密度的最大累计利润值,万元。

4. 油田开发时间(评价期)内时间自变量的利润值变化关系式

由式(4-26)代入式(4-2)至式(4-4),得到时间自变量的利润值变化关系式:

$$Z = \bar{v}_o tNp[U_0 - E_0(1 + Jt) - F_0] - fA_0(10^{-4}C_0H_z + D_0 + G)(1 + T_0I) \quad (4-29)$$

式中　$\bar{v}_o$——油田开发评价期内的平均采油速度,小数。

5. 油田开发时间(评价期)内最大利润值的时间计算式

由关系式(4-29),解得油田评价期内最大利润值的时间计算式:

$$t_m = \frac{1}{2J}\left(\frac{U_0 - F_0}{E_0} - 1\right) \qquad (4-30)$$

式中　t_m——油田开发评价期内最大累计利润值的时间,a。

6. 井网密度与最终采收率

应用式(4-4)可以预测优化井网密度条件下的最终采收率:

$$E_R = E_D e^{-\frac{B}{f_m}} \tag{4-31}$$

最终采收率 E_R 计算结果见表 $4-1$。

六、经济极限井网密度

1. 油田开发时间(评价期)内经济极限的井网密度计算式

由式$(4-26)$代入式$(4-4)$,令 $Z=0$,解得评价期内经济极限井网密度计算式:

$$f_o = \frac{W_i E_R I_o p [U_0 - E_0(1 + Jt) - F_0]}{(10^{-4} C_0 H_z + D_0 + G)(1 + T_0 I)} \tag{4-32}$$

式中 f_o——油田开发评价期内的经济极限井网密度,口$/\text{km}^2$。

2. 油田开发时间(评价期)内经济生命期的时间计算式

由式$(4-29)$代入式$(4-2)$和式$(4-3)$,令 $Z=0$,解得评价期内经济生命期的时间计算式:

$$t_n = \frac{1}{E_0 J}\Big[(U_0 - E_0 - F_0) - \frac{f(10^{-4} C_0 H_z + D_0 + G)(1 + T_0 I)}{W_i E_R I_o p} \Big] \tag{4-33}$$

式中 t_n——油田开发评价期内的经济生命期,a。

表 $4-1$、图 $4-3$ 和图 $4-4$ 是油田应用技术和经济指标优化井网密度以及经济极限井网密度综合进行开发方案设计的实例。

表 4-2 水驱控制程度的不同公式预测井网密度

水驱控制程度,%	60	70	80	90	95
4 类油层统计公式[式$(4-15)$]	13	19.8	36.2	135.6	—
5 类油层统计公式[式$(4-16)$]	19.4	27.6	43.4	87.7	—
经验拟合公式[式$(4-14)$]	15.9	18.5	21.5	25	27.1

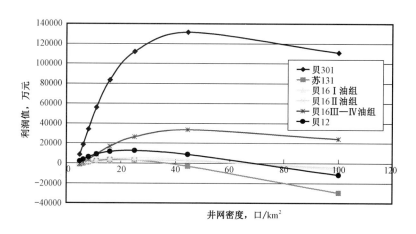

图 4-3 海拉尔油田主要区块利润值与井网密度关系曲线

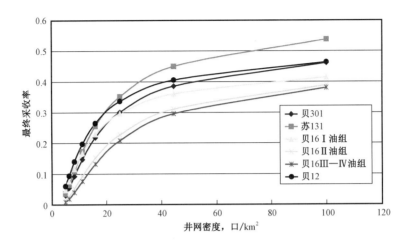

图 4 - 4　海拉尔油田主要区块最终采收率与井网密度关系曲线

七、供油半径井网密度

应用不稳定试井方法测试压力恢复曲线,普遍用于计算地层压力,能够通过测试稳定的压力恢复速度值 $\left(\dfrac{\mathrm{d}p_t}{\mathrm{d}t}\right)$,求解供油半径 R_e 等地层参数。参考文献[4-7],推导出了供油半径的计算通式:

$$R_e = G \sqrt{\frac{q_o B_o}{h C_t \gamma_o \left(\dfrac{\mathrm{d}p_t}{\mathrm{d}t}\right)}} \qquad (4-34)$$

通过对计量的水力学单位换算为工程单位,现列出不同系数值 G 的 4 种 5 个算式。

(1)稳定渗流解析法公式:

$$R_e = 1.486 \times 10^{-2} \times \sqrt{\frac{q_o B_o}{h C_t \gamma_o \left(\dfrac{\mathrm{d}p_t}{\mathrm{d}t}\right)}} \qquad (4-35)$$

(2)供油面积内平均地层压力法公式。

① 弹性驱动方式:

$$R_e = 2.362 \times 10^{-2} \times \sqrt{\frac{q_o B_o}{h C_t \gamma_o \left(\dfrac{\mathrm{d}p_t}{\mathrm{d}t}\right)}} \qquad (4-36)$$

② 水压驱动方式:

$$R_e = 1.836 \times 10^{-2} \times \sqrt{\frac{q_o B_o}{h C_t \gamma_o \left(\dfrac{\mathrm{d}p_t}{\mathrm{d}t}\right)}} \qquad (4-37)$$

（3）供油面积外缘平均地层压力法公式：

$$R_e = 1.115 \times 10^{-2} \sqrt{\frac{q_o B_o}{h C_t \gamma_o \left(\dfrac{\mathrm{d}p_t}{\mathrm{d}t}\right)}} \qquad (4-38)$$

（4）边界形状系数法公式：

$$R_e = 7.432 \times 10^{-3} \sqrt{\frac{q_o B_o}{h C_t \gamma_o \left(\dfrac{\mathrm{d}p_t}{\mathrm{d}t}\right)}} \qquad (4-39)$$

式（4-39）中的 x 是边界形状和井处位置常数（无量纲），取值范围是 $x = 0.176 \sim 3.172$。

现以大庆油田的低渗透储油层金 6 井区为例，金 6 井区属大庆外围齐家凹陷的一个小背斜圈闭构造油藏，发育的透镜状砂体延伸范围较小。选取井区中水动力系统独立的高台子 17～19 号层作为研究对象。根据地震精测资料，用求积仪计算出圈闭控制的最大含油面积 F 为 $1.0\mathrm{km}^2$，折算供油半径 R_e 为 564.2m，综合解释平均有效厚度 h 为 3.5m。金 6 井进行了试油和高压物性取样，又多次进行分层试采和测压力恢复曲线，对研究该井区的开发条件和油藏的水动力作用提供了有利的依据。高台子 17～19 号层的主要计算参数如下：

测压稳定产油量 q_o 为 12.9t/d；平均砂岩有效厚度 h 为 3.5m；综合压缩系数 C_t 为 $2.58 \times 10^{-5}\mathrm{at}^{-1}$[❶]；原油体积系数 B_o 为 1.088；地面油密度 γ_o 为 0.86；稳定的压力恢复速度 $\dfrac{\mathrm{d}p_t}{\mathrm{d}t}$ 为 $9.956 \times 10^{-5}\mathrm{at/min}$。

将以上各项参数值代入式（4-35）至式（4-39）进行计算，结果见表 4-3。

表 4-3　金 6 井区不同公式计算供油半径值比较

计算公式	式（4-35）	式（4-36）	式（4-37）	式（4-38）	式（4-39）	金 6 井区
供油半径,m	633.1	1006.4	782.3	475.1	379.3	564.2
相对误差,%	12.0	78.4	38.7	-15.8	-32.8	

计算结果表明，式（4-35）和式（4-38）的计算值接近金 6 井区的测量值，式（4-36）和式（4-37）的计算值偏高，式（4-39）计算值偏低。由此可知，式（4-35）和式（4-38）适用于类似金 6 井区综合压缩系数较小、压力恢复速度较慢的油藏；其他各式适用条件因不同的驱动方式和参数值而异。同时看到，在供油面积外缘平均地层压力稳定条件下，金 6 井区在小于 500m 的注采井距范围内考虑井网密度设计是可行的。

第二节　注水方式的优化设计

一、采油速度极大值测算油水井数比

根据注采平衡原理得到如下表达式：

---

❶ 1at = 98066.5Pa。

$$I_w(p_{iwf} - p_{iws}) = J_o(p_R - p_{wf})\left(\frac{B_o}{\gamma_o} + WOR\right)MIPR \tag{4-40}$$

式中　I_w——吸水指数,$m^3/(MPa \cdot d)$;

　　　p_{iwf}——注水井流压,MPa;

　　　p_{iws}——注水井静压,MPa;

　　　p_R——采油井静压,MPa;

　　　p_{wf}——采油井流压,MPa;

　　　J_o——采油指数,$m^3/(MPa \cdot d)$;

　　　B_o——地层油体积系数,无量纲;

　　　γ_o——油的相对密度,无量纲;

　　　M——油水井数比,无量纲;

　　　IPR——注采比,小数;

　　　WOR——水油比,小数。

由产量定义式得:

$$q_o = (p_R - p_{wf})J_o \tag{4-41}$$

式中　q_o——单井产油量,t/d。

由经验统计规律得:

$$p_{iws} = a + bp_R \tag{4-42}$$

式中　a、b——与储层性质和流体物性有关的经验常数,小数。

由产量关系式得:

$$v_o = \frac{10^{-4}q_o OT}{N} \tag{4-43}$$

式中　v_o——采油速度,小数;

　　　O——采油井井数,口;

　　　T——年生产天数,d;

　　　N——原油地质储量,$10^4 t$。

将式(4-40)至式(4-42)代入式(4-43)整理得到:

$$v_o = \left[\frac{(p_{iwf} - a) + \frac{J_o}{I_w}p_{wf}ME}{b + \frac{J_o}{I_w}ME} - p_{wf}\right]\frac{10^{-4}MSJ_o T}{(1+M)N} \tag{4-44}$$

其中:

$$S = O + W \tag{4-45}$$

$$M = \frac{O}{W} \tag{4-46}$$

$$E = \left(\frac{B_o}{\gamma_o} + \text{WOR} \right) \text{IPR} \tag{4-47}$$

式中　W——注水井井数,口;

S——油、水井总井数,口;

E——中间变量参数,小数。

在油水井总井数 S 和中间变量 E 值固定条件下,将式(4-44)中的采油速度 v_o 对油水井数比 M 求偏导数,令 $\frac{\mathrm{d}v_o}{\mathrm{d}M} = 0$,解得采油速度最大的油水井数比计算式:

$$M_m = \left[\frac{I_w b}{J_o \left(\frac{B_o}{\gamma_o} + \text{WOR} \right) \text{IPR}} \right]^{0.5} \tag{4-48}$$

二、注采能量控制的油水井数比

在式(4-48)中,设 $b = 1$,$\text{IPR} = 1$,得到注采能量控制的油水井数比计算式:

$$M = \left[\frac{I_w}{J_o \left(\frac{B_o}{\gamma_o} + \text{WOR} \right)} \right]^{0.5} = \left(\frac{I_w}{J_L} \right)^{0.5} \tag{4-49}$$

式中　J_L——采液指数,$\text{m}^3/(\text{MPa} \cdot \text{d})$。

三、注采压差控制的油水井数比

将式(4-40)代入式(4-48),整理得到注采压差控制的油水井数比计算式:

$$M = b \times \frac{p_R - p_{wf}}{p_{iwf} - p_{iws}} = b \times \frac{\Delta p_o}{\Delta p_i} \tag{4-50}$$

式中　Δp_o——生产压差,MPa;

Δp_i——注水压差,MPa。

四、注采平衡控制的油水井数比

根据注采比的定义式:

$$\text{IPR} = \frac{q_{IW}}{q_o \left(\frac{B_o}{\gamma_o} + \text{WOR} \right) M} \tag{4-51}$$

式中　q_{IW}——单井注水量,m^3/d。

由式(4-51)即可得到注采平衡条件下控制的油水井数比计算式:

$$M = \frac{q_{IW}}{q_o \left(\frac{B_o}{\gamma_o} + \text{WOR} \right) \text{IPR}} \tag{4-52}$$

在一定的注水开发阶段,若要保证 M 值不变,则式(4-52)的分子项与分母项的比例数应保持相对稳定不变,这对于油田开发设计至关重要。

五、油水两相渗透率测算油水井数比

油水两相渗透率测算油水井数比可根据式(4-22)计算。

六、注采能力初期值测算油水井数比

根据岩性特征及注采关系计算式解得:

$$M = \frac{J_w \gamma_o \nu (s - p_{iwf})}{B_o (1 - 2\nu) q_o} \qquad (4-53)$$

式中　J_w——初期吸水指数,$\mathrm{m^3/(MPa \cdot d)}$;

　　　ν——储油岩石泊松比,小数;

　　　s——上覆岩层压力,MPa。

已知投产初期的生产井产油量及注水井流压值,即可以用式(4-53)计算合理油水井数比。

对于老油田,式(4-22)、式(4-48)和式(4-50)中的经验系数 b 值,由式(4-42)用实测压力值进行线性回归解得。

对于新油田,式(4-42)中的 a、b 值可以用开发初期两组注水井静压值和采油井静压值数据计算:

$$b = \frac{p_{iws2} - p_{iws1}}{p_{R2} - p_{R1}} \qquad (4-54)$$

$$a = \frac{p_{iws1} p_{R2} - p_{iws2} p_{R1}}{p_{R2} - p_{R1}} \qquad (4-55)$$

式中　p_{iws1}、p_{iws2}——注水井两个初期静压值,MPa;

　　　p_{R1}、p_{R2}——采油井两个初期静压值,MPa。

海拉尔油田主要区块按式(4-42)的线性回归关系如图4-5和图4-6所示。

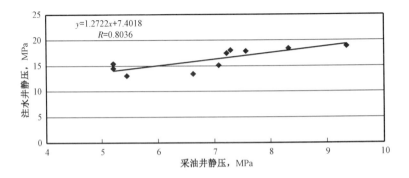

图 4-5　贝 301 区块注水井静压与采油井静压关系曲线

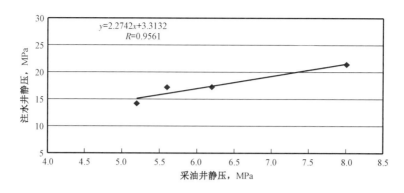

图 4-6 苏 131 区块注水井静压与采油井静压关系曲线

海拉尔油田各主要开发区块用式(4-22)、式(4-48)和式(4-53)3 种方法计算的开发初期合理油水井数比见表 4-4,输入参数值见表 4-5。

表 4-4 海拉尔油田主要开发区块预测优选油水井数比计算结果

区块	贝 301	苏 131	贝 16 Ⅰ油组	贝 16 Ⅱ油组	贝 16 Ⅲ—Ⅳ油组	贝 12
原方案设计	2.36	2.54	3	2.67	3.33	2
采油速度极大值算法	2.41	2.64	3.02	2.19	1.74	2.1
油水两相渗透率算法	1.48	1.72	2.55	2.3	2.19	2.11
注采能力初期值算法	2.46	2.64	3.45	3.21	1.9	3.15
采用 M 值	2.4	2.5	3	2.7	2.7	2

第三节 单井产油的合理确定

初产量指开发区油井投产第一年度的单井平均日产油量,是标准 SY/T 5842—2003[2] 规定的基本参数。在安排开发试验区或生产井试油、试采基础上,提出初产量的 3 种简便、实用的公式算法。

一、采油强度折算法

设已知试验区第一年单井平均的稳定(或注水受效)产油量为 q_{o1},平均有效厚度为 h_1,则采油强度 I_n 的计算式为:

$$I_n = \frac{q_{o1}}{h_1} \tag{4-56}$$

式中 I_n——采油强度,$t/(d \cdot m)$;

q_{o1}——试验区第一年单井平均产油量,t/d;

h_1——试验区平均有效厚度,m。

油藏动态构模预测论

表 4 - 5　海拉尔油田主要开发区块预测优选进油水井数比计算输入参数

区块	采油速度极大值算法					油水两相渗透率算法						注采能力初期值算法				
	J_o m³/(MPa·d)	J_w m³/(MPa·d)	B_o	γ_o	b	K_{ro}	K_{rw}	μ_o mPa·s	μ_w mPa·s	b	J_w m³/(MPa·d)	B_o	γ_o	v	S	q_o t/d
贝301	3	18.18	1.095	0.824	1.27	0.67	0.293	2.36	0.6	1.27	18.18	1.095	0.824	0.16	28.75	12
苏131	0.7	2.68	1.065	0.856	2.27	0.865	0.14	4.83	0.6	2.27	2.68	1.065	0.856	0.26	33.58	3.5
贝16 I 油组	0.82	5.03	1.069	0.839	1.9	0.67	0.293	4.69	0.6	1.9	5.03	1.069	0.839	0.16	33.58	3.7
贝16 II 油组	1.54	3.22	1.069	0.839	1.9	0.84	0.3	4.69	0.6	1.9	3.22	1.069	0.839	0.22	35.65	4
贝16 III—IV油组	1.03	2.32	1.069	0.839	1.72	0.84	0.3	4.69	0.6	1.72	2.32	1.069	0.839	0.22	42.55	4.5
贝12	0.8	3.24	1.142	0.843	1.28	0.664	0.32	4.32	0.6	1.28	3.24	1.142	0.843	0.31	46	4.8

若试验区开采时间较短,只有第一个月的单井平均产油量 q_{o2} 的资料,而需要预测第一年注水受效的产油量,可以借用储油层流度比 $[K_{rw}\mu_o/(\mu_w K_{ro})]$ 和井网都相似的其他开发区的资料,即求得该区第一年注水受效的单井平均日产油量与该区第一个月的单井平均日产油量 q_{o2} 的比值为 B,可按式(4-57)预测采油强度:

$$I_n = \frac{q_{o2}}{h_1}B \qquad (4-57)$$

式中 q_{o2}——试验区第一个月单井平均产油量,t/d;

B——单井平均日产油量的比值,无量纲。

在新油田方案编制中,设投产第一年单井平均日产油量为 q_o,平均有效厚度为 h,则初产量(第一年单井平均日产油量)的预测式为:

$$q_o = I_n h \qquad (4-58)$$

式中 q_o——新油田第一年单井平均产油量,t/d;

h——新油田平均有效厚度,m。

应用实例:

根据榆树林油田树34井区扶杨油层同步注水试验,第一年单井平均日产油量是第一个月单井平均日产油量的74%(即 B 值),据此百分比由式(4-57)折算油层井网条件相似的杨大城子油层试验井组注水受效第一年的平均采油强度为 $0.22t/(d·m)$,再据朝94区块平均有效厚度为 14.7m,由式(4-58)求出全区第一年单井平均日产油量为3.2t。

二、比采油指数法

设已知试验区注水受效第一年单井平均日产油量为 q_{o1},平均有效厚度为 h_1,平均生产压差为 Δp_1,则比采油指数的计算式为:

$$J_{oh} = \frac{q_{o1}}{\Delta p_1 h_1} \qquad (4-59)$$

设新油田投产第一年单井平均日产油量为 q_o,平均有效厚度为 h,平均生产压差为 Δp(或 Δp_1),则初产量(第一年单井平均日产油量)的预测式为:

$$q_o = J_{oh}\Delta p h \qquad (4-60)$$

式中 J_{oh}——比采油指数,t/(MPa·d·m);

Δp_1——试验区平均生产压差,MPa;

Δp——新油田平均生产压差,MPa。

应用实例:

杨大城子油层试验井组有6口采油井和1口注水井,平均有效厚度为18.3m,统计注水第一年4井次的测压资料,平均生产压差为4.7MPa,单井平均日产油4.1t,由式(4-59)计算得到比采油指数为 $0.048t/(MPa·d·m)$。朝94区块杨大城子油层Ⅰ类、Ⅱ类区块的平均有效厚度为14.7m,由式(4-60)再代入生产压差和比采油指数值,求得注水受效第一年单井平均日产油3.3t。测算结果表明,同一个区块应用第一、第二种方法计算结果基本相同。

三、平面径向流公式法

由裘比公式和国际单位制得到初产量理论值的预测公式[7]：

$$q_o = \frac{542.87 K h \gamma_o \Delta p}{B_o \mu_o \left(\ln \dfrac{r_e}{r_w} + S \right)} \qquad (4-61)$$

式中　K——空气渗透率，D；

　　　γ_o——原油密度，t/m³；

　　　B_o——原油体积系数，无量纲；

　　　μ_o——地层原油黏度，mPa·s；

　　　r_e——供给半径，m；

　　　r_w——井底半径，m；

　　　S——表皮系数，无量纲。

应用实例：

对于朝 94 区块杨大城子油层，$K = 12.6\text{mD}$（油层压裂后），$h = 14.7\text{m}$，$\gamma_o = 0.874\text{t/m}^3$，$B_o = 1.064$（无量纲），$\mu_o = 18.1\text{mPa·s}$，$\Delta p = 4.7\text{MPa}$，$r_e = 150\text{m}$，$r_w = 0.1\text{m}$，$S = 0$。

将上述数据代入式（4-61）计算，得到 $q_o = 2.93\text{t/d}$，比用第一、第二种方法计算结果偏低。

第四节　采油速度的合理确定

一、最大产量值井网密度的平均采油速度

首先由参数 M、f、v_o 的定义式导出评价期内平均采油速度的基本算式：

$$\bar{v}_o = \frac{10^{-4} \bar{q}_o f T}{I_o \left(1 + \dfrac{1}{M} \right)} \qquad (4-62)$$

根据式（4-6）可求得单井平均最大日产油量的井网密度，又知评价期内单井平均最大日产油量计算式（4-7），将式（4-6）和式（4-7）代入式（4-62），得到评价期内最大产量井网密度的平均采油速度计算式：

$$\bar{v}_{om} = \frac{W_i E_D}{e t} \qquad (4-63)$$

二、最大利润值井网密度的平均采油速度

根据式（4-27）计算油田评价期内最大利润值的井网密度。将式（4-27）算得的值代入式（4-62），即得评价期内最大利润值井网密度的平均采油速度算式：

$$\bar{v}_{\text{of}} = \frac{10^{-4}\bar{q}_{\text{o}}f_{\text{m}}T}{I_{\text{o}}\left(1+\dfrac{1}{M}\right)} \tag{4-64}$$

三、经济极限值井网密度的平均采油速度

根据式(4-32)计算评价期内经济极限井网密度。

将式(4-32)算得的值代入式(4-62),即得评价期内经济极限井网密度的平均采油速度计算式:

$$\bar{v}_{\text{on}} = \frac{10^{-4}\bar{q}_{\text{o}}f_{\text{o}}T}{I_{\text{o}}\left(1+\dfrac{1}{M}\right)} \tag{4-65}$$

四、产量优化油水井数比的初期采油速度

根据式(4-48)计算初期采油速度最大的油水井数比。

将式(4-48)算得的值代入式(4-62),即得产量优化油水井数比的初期采油速度计算式:

$$v_{\text{oi}} = \frac{10^{-4}\bar{q}_{\text{o}}fT}{I_{\text{o}}\left(1+\dfrac{1}{M_{\text{m}}}\right)} \tag{4-66}$$

第五节　压力界限的合理确定

一、自喷井最低流压界限

油田开发前期,在天然能量或人工注水压力作用下,采油井都有足够的动力进行自喷生产。油井的采油过程即是耗能过程,当油井流压下降到最低自喷流压时,油井会停喷。为了弥补地下动能的不足,就要进行机械动力抽油,因此可以用最低自喷流压作为油井由自喷生产转为抽油生产时的流压界限。自喷井最低流压界限值给出下列算法。

常规的最低自喷流压测算[●]表达式为油层深度算法:

$$p_{\text{wfc}} = \frac{(H_1 - L)\gamma_{\text{o}}}{100} + p_{\text{b}} \tag{4-67}$$

式中　p_{wfc}——最低自喷流压,MPa;

　　　　H_1——油层中部深度,m;

● 引自叶庆全编写的《油田开发基础》,大庆油田科学研究设计院,1980年。

L——油管有效长度,m;

γ_o——地层原油密度,t/m³;

p_b——饱和压力,MPa。

例题:某油田的中 112 - 63 井,$H_l = 985m$,$L = 902m$,$\gamma_o = 0.87t/m^3$,$p_b = 7.5MPa$,将上述参数代入式(4 - 67),算得该井的最低自喷流压 $p_{wfc} = 8.22MPa$。

二、抽油井最低流压界限

1. 泵的充满系数法

文献[8]给出了油井抽油泵吸入口沉没压力的计算公式:

$$p_\lambda = 0.1 \times \left[\frac{(G_p - u_n p_\lambda)(1 - f_w)C}{\frac{1}{\beta} - 1} - 1 \right] \qquad (4 - 68)$$

其中:

$$\beta = \frac{\eta}{\eta_1 \eta_2} \qquad (4 - 69)$$

式中　G_p——生产气油比,无量纲;

u_n——伴生气溶解系数,m³/(MPa·m³);

f_w——油井含水率,小数;

C——进泵气体分流系数,取 $C = 0.5$;

β——泵的充满系数,小数;

η——抽油井的泵效率,小数;

η_1——有效冲程系数,小数;

η_2——泵的密封系数,小数。

将式(4 - 69)求得的泵充满系数值连同其他参数代入式(4 - 68),则算得油井抽油泵吸入口沉没压力值。再用式(4 - 71)求得油井最低流压界限值。

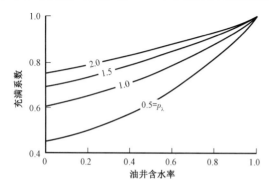

图 4 - 7　抽油泵的充满系数与油井含水率关系曲线

应用实例:

根据朝阳沟油田实际生产气油比及 PVT 资料用理论公式计算出了充满系数 β 随不同泵吸入口压力 p_λ 和油井含水率的关系曲线,如图 4 - 7 所示。油田在中含水期开采条件下,用矿场资料统计计算出抽油机泵在正常工作情况下的实际平均泵效为 0.31,可以求出维持抽油井正常工作所需的最小充满系数为 0.6,再由式(4 - 68)通过迭代计算得到泵吸入口

压力 $p_\lambda = 1.0\text{MPa}$。因为朝阳沟油田的平均泵挂深度已接近于油层中部深度,泵吸入口压力下限值即是抽油井的合理流压下限。

2. 泵的吸入口压力法

油井最低流压界限,常用井底允许的脱气量来说明,即用泵分离的气液体积占油、气、水三相总体积的百分比来量度。在一定气液体积分数条件下,可用式(4-70)计算油井抽油泵吸入口处的压力[1]:

$$p_\lambda = \cfrac{S_{gi}}{\cfrac{2930\left(\dfrac{B_o}{\gamma_o} + \text{WOR}\right)}{\left(\dfrac{1}{G} - 1\right)(273 + t)Z} + u} \tag{4-70}$$

式中　p_λ——油井抽油泵吸入口压力,MPa;

$\qquad$ S_{gi}——原始溶解气油比,m³/t;

$\qquad$ B_o——原油体积系数,无量纲;

$\qquad$ γ_o——油的相对密度,无量纲;

$\qquad$ WOR——水油比,无量纲;

$\qquad$ G——气液体积分数,无量纲;

$\qquad$ t——温度,℃;

$\qquad$ Z——天然气压缩系数,无量纲;

$\qquad$ u——溶解系数,m³/(MPa·℃)。

因此,油井最低流压界限值用式(4-71)计算:

$$p_{\text{wfn}} = p_\lambda + \frac{(H_I - L)\gamma_{\text{ow}}}{100} \tag{4-71}$$

式中　p_{wfn}——油井最低流压界限值,MPa;

$\qquad$ H_I——油层中部深度,m;

$\qquad$ L——油管泵挂深度,m;

$\qquad$ γ_{ow}——油水混合密度,t/m³。

应用实例:

朝阳沟油田和榆树林油田在不同气液体积分数条件下,油井泵吸入口压力 p_λ 随含水率 f_w 变化数据预测见表4-6。海拉尔盆地主要开发区块在气液体积分数 $G = 0.2$ 和 $G = 0.3$ 条件下,油井泵吸入口压力及最低流压随水率变化曲线[2]如图4-8至图4-11所示。采油井最低流压计算结果见表4-7。

---

[1] 引自钟德康编写的《朝阳沟油田注采系统压力界限及产能预测研究》,析出于《大庆油田开发研究报告集》,1989年,第20期。

[2] 引自钟德康著的《海拉尔盆地主要区块开发技术界限研究》,大庆石油管理局勘探开发研究院,2005年12月。

表4-6　朝阳沟油田和榆树林油田的油井泵吸入口压力与含水率变化预测表

油田	含水率		0	0.1	0.3	0.5	0.7	0.9	0.98
朝阳沟	油井泵吸入口压力 MPa	$G=0.2$	3.6	3.2	2.6	1.9	1.2	0.4	0.1
		$G=0.3$	2.1	1.9	1.5	1.1	0.7	0.2	0.05
榆树林	油井泵吸入口压力 MPa	$G=0.2$	3.5	3.1	2.5	1.8	1.1	0.4	0.1
		$G=0.3$	2.1	1.9	1.5	1.1	0.7	0.2	0.05

表4-7　海拉尔油田主要开发区块采油井最低流压计算结果（$G=0.3$）

区块	贝301		苏131		贝16Ⅰ油组		贝16Ⅱ油组		贝16Ⅲ—Ⅳ油组		贝12	
含水率 %	泵吸入口压力 MPa	最低流压 MPa	泵吸入口压力 MPa	最低流压 MPa	泵吸入口压力 MPa	最低流压 MPa	泵吸入口压力 MPa	最低流压 MPa	泵吸入口压力 MPa	最低流压 MPa	泵吸入口压力 MPa	最低流压 MPa
0	2.57	3.55	1.9	2.78	1.96	3.14	1.97	3.46	2	5.48	3.62	5.11
5	2.52	3.52	1.85	2.75	1.91	3.12	1.93	3.44	1.96	5.49	3.55	5.06
10	2.47	3.52	1.8	2.71	1.87	3.09	1.88	3.41	1.91	5.49	3.47	5.01
20	2.35	3.39	1.7	2.63	177	3.02	1.78	3.35	1.81	5.49	3.29	4.88
30	2.22	3.29	1.58	2.53	1.65	2.94	1.66	3.28	1.7	5.48	3.09	4.73
40	2.07	3.17	1.45	2.42	1.52	2.85	1.53	3.19	1.57	5.45	2.86	4.55
50	1.89	3.02	1.3	2.29	1.37	2.73	1.38	3.09	1.41	5.39	2.59	4.33
60	1.67	2.82	1.12	2.14	1.19	2.59	1.2	2.95	1.23	5.31	2.27	4.06
70	1.4	2.61	0.91	1.97	0.98	2.43	0.99	2.8	1.02	5.22	1.88	3.76
80	1.06	2.27	0.67	1.72	0.72	2.19	0.73	2.56	0.75	5.03	1.4	3.29
90	0.61	1.85	0.37	1.45	0.41	1.9	0.41	2.29	0.42	4.8	0.79	2.74

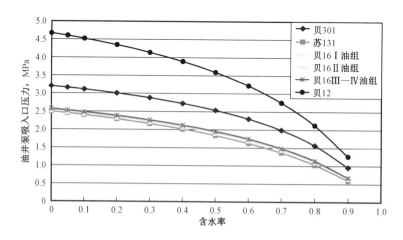

图4-8　海拉尔油田主要区块油井泵吸入口压力与含水率关系曲线（$G=0.2$）

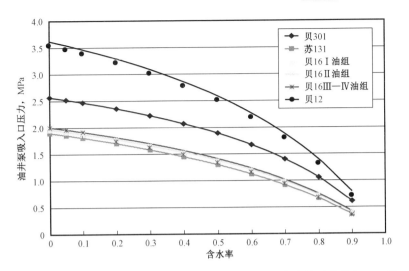

图4-9 海拉尔油田主要区块油井泵吸入口压力与含水率关系曲线(G=0.3)

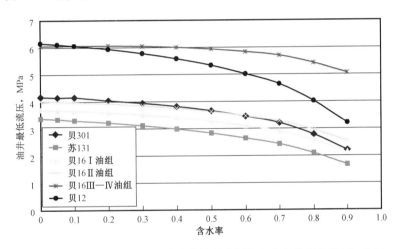

图4-10 海拉尔油田主要区块油井最低流压与含水率关系曲线(G=0.2)

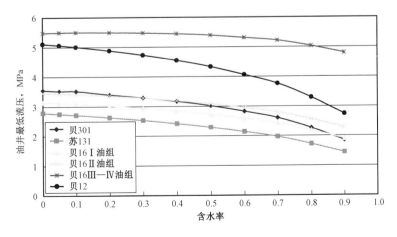

图4-11 海拉尔油田主要区块油井最低流压与含水率关系曲线(G=0.3)

三、注水井最低流压界限

1. 注水井最低流压及判别式

根据储层岩石产生垂直裂缝的水平应力分析[9]，应用于砂岩油田的注水开发，得出检验注水过程中岩石是否破裂的判别式：

$$\alpha = \frac{p_{iwf}(1-\nu) - S\nu}{p_{iws}(1-2\nu)} \qquad (4-72)$$

式中 α——孔隙弹性系数，小数；

   p_{iwf}——注水井流压，MPa；

   p_{iws}——注水井静压，MPa；

   ν——泊松比，无量纲；

   S——上覆岩层压力，MPa。

当 $\alpha \geq 1$ 时，岩石破裂；当 $\alpha = 1$ 时，注水井流压为最低流压；当 $\alpha < 1$ 时，流压和静压为正常注水压力。式中 $S = 0.023H_l$。

2. 注水井最低流压及井口油压

应用油层压裂施工中的破裂压力梯度值，确定出注水井油层产生破裂的最低流压值，可以计算出注水井井口压力的合理上限值，其应当低于井底油层破裂时的井口压力值：

$$p_{io} = p_{ifn} - \frac{H_l \rho_w}{100} \qquad (4-73)$$

式中 p_{io}——油层破裂时注水井井口油压，MPa；

   p_{ifn}——油层破裂时注水井最低流压，MPa；

   H_l——油层中部深度，m；

   ρ_w——注入水的密度，t/m^3。

海拉尔油田主要开发区块的目前孔隙弹性系数 α 值及其他参数、注水井油层破裂的最低流压及井口油压值见表4-8❶。图4-12 和图4-13 为主要开发区油层组的油层破裂压力与油层深度关系曲线。

表4-8   海拉尔油田主要开发区块注水井极限流压计算参数和结果表

区块	贝301	苏131	贝16 I 油组	贝16 II 油组	贝16 III—IV 油组	贝12
上覆岩压力,MPa	28.75	33.58	33.58	35.65	42.55	46
泊松比	0.16	0.26	0.16	0.22	0.22	0.31
注水井目前流压,MPa	19.34	23.06	19.8	22.7	30.6	38.6
注水井目前静压,MPa	17.5	21	17	19.9	27.8	34.1

❶ 引自钟德康所著的《海拉尔盆地主要区块开发技术界限研究》，大庆石油管理局勘探开发研究院，2005 年12 月。

区块	贝301	苏131	贝16 I 油组	贝16 II 油组	贝16 III—IV 油组	贝12
孔隙弹性系数	0.98	0.83	0.97	0.89	0.93	0.95
油层中部深度,m	1250	1460	1460	1550	1850	2000
注入水密度,t/m^3	1	1	1	1	1	1
油层破裂井底流压,MPa	20.6	27	20.9	23.9	34	42.5
油层破裂井口油压,MPa	8.1	12.4	6.3	8.4	15.5	22.5

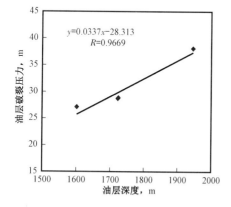

图4-12 海拉尔油田兴安岭油层破裂压力
与油层深度回归曲线

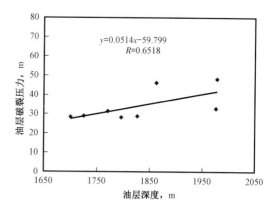

图4-13 海拉尔油田布达特油层破裂压力
与油层深度回归曲线

四、合理地层压力及注采压差

1. 原始地层压力

反映同一个水动力学系统的直观指标是原始地层压力与油层中部深度(基准面)呈线性关系变化。图4-14至图4-16为海拉尔油田开发油层的原始地层压力与油层中部深度关系曲线,原始地层压力值见表4-9。

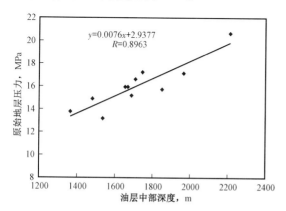

图4-14 海拉尔油田兴安岭油层原始
地层压力与油层中部深度回归曲线

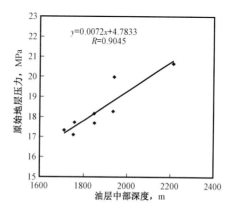

图4-15 海拉尔油田布达特油层原始
地层压力与油层中部深度回归曲线

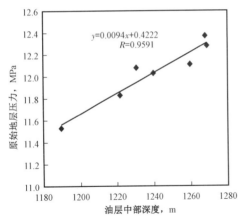

图 4 – 16　海拉尔油田南屯组油层原始
地层压力与油层中部深度回归曲线

线性回归计算式为：

$$p_a = c + dH_1 \qquad (4-74)$$

式中　p_a——原始地层压力，MPa；

　　　　c、d——与储层性质和流体物性有关的经
　　　　　　验常数，小数；

　　　　H_1——油层中部深度，m。

2. 合理地层压力

根据注采平衡和极值原理，结合第四章第二节的相关公式推导得到合理地层压力计算式：

$$p_R = \frac{1}{1+M}\left[\frac{M(p_{iwf}-a)}{b} + p_{wf}\right] \qquad (4-75)$$

式中　p_R——合理地层压力，MPa；

　　　　M——合理油水井数比，无量纲；

　　　　p_{iwf}——注水井最低流压界限内的合理流压，MPa；

　　　　p_{wf}——采油井最低流压界限内的合理流压，MPa；

　　　　a、b——与储层性质和流体物性有关的经验常数，小数。

3. 合理生产压差

由式(4 – 75)得到合理生产压差计算式：

$$\Delta p_o = \frac{M}{1+M}\left[\frac{(p_{iwf}-a)}{b} - p_{wf}\right] \qquad (4-76)$$

4. 合理注水压差

由式(4 – 50)得到合理注水压差计算式：

$$\Delta p_i = \frac{b\Delta p_o}{M} \qquad (4-77)$$

式中　Δp_o——合理生产压差，MPa；

　　　　Δp_i——合理注水压差，MPa。

式(4 – 75)至式(4 – 77)中的经验常数 a、b 值由式(4 – 54)和式(4 – 55)计算得到，老油田的经验常数 a、b 值由式(4 – 42)用实测压力值进行线性回归解得。

分析式(4 – 75)可以看到，要保持较高的地层压力水平，就要提高注采井的流动压力，便于放大生产压差以实现稳产。图 4 – 17 为海拉尔油田主要开发区块在提高油井流压条件下的地层压力上升变化曲线。图 4 – 18 为各区块降低流压放大生产压差的变化曲线。由式(4 – 75)和式(4 – 76)可知，各区块的生产压差大小与地层压力水平呈正相关变化。

海拉尔油田主要开发区块投产初期流压和合理压力水平及注水、采油压差见表 4 – 9。

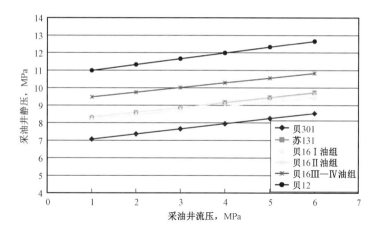

图 4 - 17 海拉尔油田主要区块采油井静压与流压关系曲线

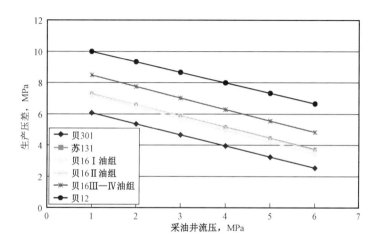

图 4 - 18 海拉尔油田主要区块采油井生产压差与流压关系曲线

表 4 - 9 海拉尔油田主要开发区块注采井压差与合理地层压力

区块	贝 301	苏 131	贝 16 I 油组	贝 16 II 油组	贝 16 III—IV 油组	贝 12
原始地层压力,MPa	12.2	14.2	14	14.7	16.9	19.2
初期合理地层压力,MPa	7.9	9.2	9.1	9.6	11	12.5
静压公式截距值 a	7.41	0.11	−0.34	1.73	8.9	18.14
静压公式斜距值 b	1.27	2.27	1.9	1.9	1.72	1.28
油水井数比	2.4	2.5	3	2.7	2.7	2
注水井初期流压,MPa	19.6	25.6	19.8	22.7	30.6	38.6
采油井初期流压,MPa	3.9	4.2	4.6	5.6	6.6	5.5
合理注水压差,MPa	2.1	4.5	2.9	2.8	2.8	4.5
合理生产压差,MPa	4	5	4.5	4	4.4	7

参 考 文 献

[1] 李道品,等. 低渗透砂岩油田开发[M]. 北京:石油工业出版社,1997.

[2] SY/T 5842—2003 砂岩油田开发方案编制技术要求 开发地质油藏工程部分[S].

[3] 钟德康. 相对渗透率相关方程式的研究和应用[J]. 大庆石油地质与开发,1985,4(4):41-50.

[4] 石油院校教材编写组. 地下渗流力学[M]. 北京:中国工业出版社,1964.

[5] 童宪章. 压力恢复曲线在油、气田开发中的应用[M]. 北京:石油化学工业出版社,1977.

[6] 童宪章,陈元千. 利用压力恢复曲线确定油井控制储量的通式及其应用条件[J]. 石油学报,1981,2(1):49-55.

[7] 陈元千. 利用不同实用单位制表示的油藏工程常用公式[J]. 石油勘探与开发,1988,15(1):73-80.

[8] 卿路,钟德康,沈正翔. 朝阳沟油田合理油层压力保持水平研究[J]. 大庆石油地质与开发,1995,14(3):27-30.

[9] [美]埃克诺米德斯 M J,诺尔蒂 K G,等. 油藏增产措施[M]. 增订本,北京:石油工业出版社,1991.

第五章　动态参数监控统计

油藏动态参数的监测和控制主要采用硬件的仪器监控和软件的数模监控。本章介绍了几种常用的数学监控模型,有产量流入井动态监测模型、注采比协调的单控模型、相对渗透率的相关模型和油田井网动态优控模型。这些数学监控模型具有公式结构简单、预测精度较高、应用操作方便等优点,能够较好地进行油藏动态参数的监测和控制,为数据预测、反馈和方案编制、调整提供依据。

第一节　产量流入井动态监测模型

一、油藏动态系统的线性相关式

描述油藏动态系统产能变化规律(包含压力、产量、含水)的 I 模型,由 PI – IPR 曲线理论分析[1]和经验统计得出❶(图 5 – 1、图 5 – 2)。

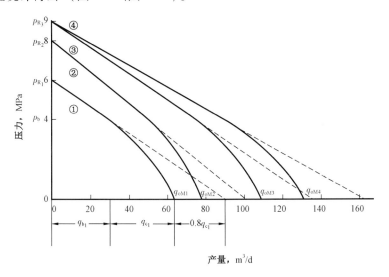

图 5 – 1　I 模型原理分析图

根据图 5 – 1、图 5 – 2 的原理分析,结合大庆油田长垣和大庆外围油田的矿场资料,分别用 $q_{LM}/p_R(q_{oM}/p_R)$ 作纵坐标,$J_L(J_o)$ 作横坐标,在直角坐标系上得到线性关系很好的产能变化图(图 5 – 3 至图 5 – 6)。

由于大庆油田各开发区油层条件的差异,受钻井液伤害和增产措施等因素的影响,直线段出现不同的截距值,斜率朝 $J_L(J_o)$ 轴偏移。回归方程为一元线性相关式:

---

❶ 引自钟德康所著的《油藏动态系统 I 模型预测方法》,大庆石油管理局勘探开发研究院,1988 年 12 月。

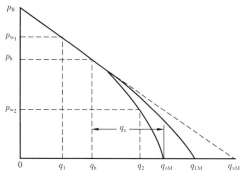

图 5-2　PI-IPR 曲线原理图

$$\frac{q_{LM}}{p_R} = A + BJ_L \qquad (5-1)$$

$$\frac{q_{oM}}{p_R} = C + HJ_o \qquad (5-2)$$

式中　q_{LM}——流压为 0 的最大理论排液量,t/d;

　　　q_{oM}——流压为 0 的最大理论排油量,t/d;

　　　p_R——油层静压,MPa;

　　　J_L——采液指数,t/(MPa·d);

　　　J_o——采油指数,t/(MPa·d)。

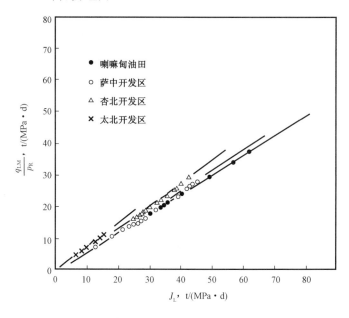

图 5-3　大庆油田部分开发区 I 模型产能变化图

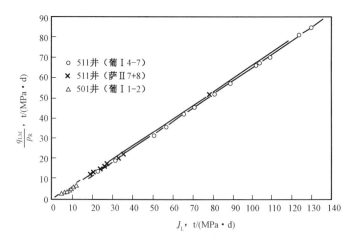

图 5-4　大庆油田小井距试验井 I 模型产能变化图

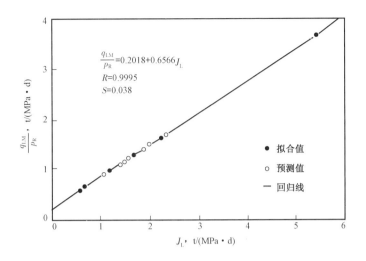

图 5 - 5　宋芳屯油田部分油井 I 模型产能变化图

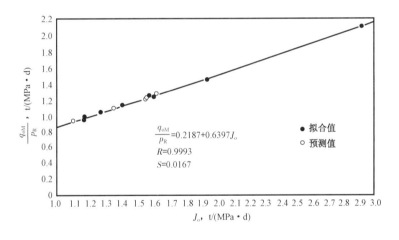

图 5 - 6　朝 63 井(天然能量试采)I 模型产能变化图

其中,A、C 和 B、H 分别是式(5 - 1)和式(5 - 2)的截距和斜率,是与油层条件、流体性质和注采方式有关的经验常数。A、C 的单位是 t/(MPa·d),数值上等于油层中附加的单位静压降的最大理论排量。B、H 是无量纲,表明每增加单位采液(油)指数所要增加的单位静压降的最大理论排量。

大庆油田不同区块和油井按式(5 - 1)和式(5 - 2)回归得到的经验常数和产量预测效果见表 5 - 1。其中,A 或 C 值的变化范围在 ±10 之间,B 或 H 值的变化范围在 0.6 左右。相关系数大于 0.99,剩余标准离差的相对百分数小于 3%。为了计算和应用方便,产量的单位采用地面值。

需要说明,因为油井的 q_{oM} 和 q_{LM} 值由 PI - IPR 曲线公式算得,故简称式(5 - 1)为预测产液量的 I 模型,式(5 - 2)为预测产油量的 I 模型,统称为产量流入井动态监测模型。

表5-1 I模型方法的经验常数和产液量预测效果

油田名称/井号	开采方式	压力范围	含水率预测范围 %	拟合点数	预测点数	经验常数		相关系数 R	相对误差 %	预测合格率 %
						A	B			
喇嘛甸	自喷为主	$p_R > p_b > p_{wf}$	0.43~60.7 →79.1	8	14	0.8682	0.5884	0.9999	<25	85.7
萨中开发区	自喷为主	$p_R > p_b > p_{wf}$	45.4~64.6 →72.5	6	9	-4.3242	0.7256	0.9943	<10	100.0
高台子南块	自喷为主	$p_R > p_b > p_{wf}$	6.9~20.0 →30.0	7	11	0.6551	0.5711	0.9997	<20	100.0
中区西部	自喷	$p_R > p_b > p_{wf}$	19.2~42.8 →52.7	10	13	1.1295	0.5772	0.9952	<20	84.6
杏南开发区	抽油	$p_R > p_b > p_{wf}$	中、高含水	5	7	4.4473	0.6361	0.9974	<20	100.0
萨45	自喷	$p_R > p_b > p_{wf}$	0~10.0 →24.0	16	21	0.9487	0.5263	0.9952	<18	100.0
南1-3-27	自喷	$p_R > p_b > p_{wf}$	44.0~54.3 →68.9	10	24	3.7702	0.5863	0.9969	<17 <25	83.3 95.8
中10-36	自喷	$p_R > p_w > p_b$	0~65.5 →79.3	12	15	-7.4631	0.7411	0.9983	<25	86.7
中9-38 (葡16+7)	自喷	$p_R > p_w > p_b$	0~7.0 →15.0	8	11	0.5435	0.5911	0.9997	<25	81.8
朝63	抽油	$p_R > p_b > p_{wf}$	未见水	8	13	0.2187	0.6397	0.9993	<13	100.0
末芳屯	抽油	$p_R > p_b > p_{wf}$	中含水	6	13	0.2018	0.6566	0.9995	<25	84.6
朝阳沟（区块）	抽油（区块）	$p_R > p_b > p_{wf}$	0~1.7	5	6	0.0662	0.6698	0.9999	<20	100.0
朝阳沟	抽油（单井）	$p_R > p_b > p_{wf}$	未见水	6	8	0.2176	0.6105	0.9998	<22	87.5

注：南1-3-27井所在行的相对误差和预测合格率分别为堵水前、后计算的相对误差和预测合格率。

由 I 模型与 PI - IPR 曲线结合产生的 I 模型预测方法及预测效果❶,体现在直角坐标系上是 PI - IPR 曲线所组成的曲线簇。例如在压力范围 $p_R > p_{wf} \geqslant p_b$ 的条件下,图 5 - 1 列出了 4 条 PI - IPR 曲线所组成的曲线簇,表明每条曲线的 q_{oM} 值不相同,是由不相同的采油指数 J_o 和 p_R 值确定的。曲线簇则可以表达为同一口采油井在不同时间(或不同的采油井点在同一时间)的各直线段上某瞬时的产量和压力的分布状态。直线段之间的地层压力和采油指数都有增大、减小或稳定的差别(图 5 - 1)。当压力在 $p_R \geqslant p_b > p_{wf}$ 或 $p_b \geqslant p_R > p_{wf}$ 的范围内,同样有上述的变化特点,即同一油田(油井)的产量和压力值在各自变化曲线上的瞬时分布值,影响了各曲线上的 $q_{oM}/p_R(q_{LM}/p_R)$ 值与采油(采液)指数 $J_o(J_L)$ 呈正相关变化。在实际应用中,采用 I 模型的解析计算式预测油藏动态系统的压力和产量。

二、I 模型解析计算式的推导

美国学者格伯特(Gilbert)最初于 1954 年提出了"油流入井动态关系式",后来由沃格尔(Vogel)、费特科维奇(Fetkovich)、佩顿(Patton)等在相继研究的基础上,发展了由广义的 PI - IPR 曲线预测油井动态的基本公式,其中列出以下 4 个公式[1]:

$$q_b = J_o(p_R - p_b) \tag{5 - 3}$$

$$q_c = \frac{q_b}{1.8\left(\dfrac{p_R}{p_b} - 1\right)} \tag{5 - 4}$$

$$q_c = \frac{q_o}{1.8\left(\dfrac{p_R}{p_b}\right) - 0.8 - 0.2\left(\dfrac{p_{wf}}{p_b}\right) - 0.8\left(\dfrac{p_{wf}}{p_b}\right)^2} \tag{5 - 5}$$

$$q_{oM} = q_b + q_c \tag{5 - 6}$$

式中　q_b——饱和压力对应的单井产油量,t/d;

q_c——最大理论排油量与饱和压力产油量的差值,t/d;

p_{wf}——油井流压,MPa;

p_b——饱和压力,MPa。

式(5 - 3)至式(5 - 6)的几何关系如图 5 - 2 所示。

1. 已知 $p_R > p_{wf} \geqslant p_b$ 的情况

将式(5 - 3)代入式(5 - 4)得:

$$q_c = \frac{J_o p_b}{1.8} \tag{5 - 7}$$

将式(5 - 3)、式(5 - 7)代入式(5 - 6)得:

$$q_{oM} = J_o(p_R - 0.444 p_b) \tag{5 - 8}$$

在油井含水的条件下,将式(5 - 8)的两端同除以含油率 $(1 - f_w)$ 得:

---

❶ 引自钟德康所著的《油藏动态系统 I 模型预测方法》,大庆石油管理局勘探开发研究院,1988 年 12 月。

$$q_{\mathrm{LM}} = J_{\mathrm{L}}(p_{\mathrm{R}} - 0.444p_{\mathrm{b}}) \tag{5-9}$$

（1）在单相油流（弹性驱动）的条件下，将式（5-8）代入式（5-2），整理得：

$$q_{\mathrm{o}} = \frac{C(p_{\mathrm{R}} - p_{\mathrm{wf}})}{1 - H - \dfrac{0.444p_{\mathrm{b}}}{p_{\mathrm{R}}}} \tag{5-10}$$

$$J_{\mathrm{o}} = \frac{C}{1 - H - \dfrac{0.444p_{\mathrm{b}}}{p_{\mathrm{R}}}} \tag{5-11}$$

$$p_{\mathrm{R}} = \frac{0.444p_{\mathrm{b}}}{1 - H - \dfrac{C}{J_{\mathrm{o}}}} \tag{5-12}$$

（2）在油水两相流（水压驱动）的条件下，将式（5-9）代入式（5-1），整理得：

$$q_{\mathrm{L}} = \frac{A(p_{\mathrm{R}} - p_{\mathrm{wf}})}{1 - B - \dfrac{0.444p_{\mathrm{b}}}{p_{\mathrm{R}}}} \tag{5-13}$$

$$q_{\mathrm{o}} = \frac{A(p_{\mathrm{R}} - p_{\mathrm{wf}})(1 - f_{\mathrm{w}})}{1 - B - \dfrac{0.444p_{\mathrm{b}}}{p_{\mathrm{R}}}} \tag{5-14}$$

$$J_{\mathrm{o}} = \frac{A(1 - f_{\mathrm{w}})}{1 - B - \dfrac{0.444p_{\mathrm{b}}}{p_{\mathrm{R}}}} \tag{5-15}$$

$$p_{\mathrm{R}} = \frac{0.444p_{\mathrm{b}}}{1 - B - \dfrac{A(1 - f_{\mathrm{w}})}{J_{\mathrm{o}}}} \tag{5-16}$$

式中 q_{o}——单井产油量，t/d；

q_{L}——单井产液量，t/d；

f_{w}——含水率，小数。

2. 已知 $p_{\mathrm{R}} \geqslant p_{\mathrm{b}} > p_{\mathrm{wf}}$ 或 $p_{\mathrm{b}} \geqslant p_{\mathrm{R}} > p_{\mathrm{wf}}$ 的情况

将式（5-4）代入式（5-6）得：

$$q_{\mathrm{oM}} = \left(\frac{1.8p_{\mathrm{R}}}{p_{\mathrm{b}}} - 0.8\right)q_{\mathrm{c}} \tag{5-17}$$

将式（5-5）代入式（5-17），整理得：

$$q_{\mathrm{oM}} = \frac{J_{\mathrm{o}}(p_{\mathrm{R}} - p_{\mathrm{wf}})}{1 - \dfrac{(0.25p_{\mathrm{b}} + p_{\mathrm{wf}})p_{\mathrm{wf}}}{(2.25p_{\mathrm{R}} - p_{\mathrm{b}})p_{\mathrm{b}}}} \tag{5-18}$$

设中间变量：

$$\Lambda = 1 - \frac{(0.25p_b + p_{wf})p_{wf}}{(2.25p_R - p_b)p_b} \tag{5-19}$$

将式(5-19)代入式(5-18)得：

$$q_{oM} = \frac{J_o(p_R - p_{wf})}{\Lambda} = \frac{q_o}{\Lambda} \tag{5-20}$$

Λ 无量纲，Λ 值变化范围为：$1 \geqslant \Lambda > 0$。

将式(5-20)的两端同除以含油率($1 - f_w$)得：

$$q_{LM} = \frac{J_L(p_R - p_{wf})}{\Lambda} = \frac{q_L}{\Lambda} \tag{5-21}$$

(1)在单相油流(溶解气驱动)的条件下，将式(5-20)代入式(5-2)，整理得：

$$q_o = \frac{C\Lambda(p_R - p_{wf})}{1 - H\Lambda - \dfrac{p_{wf}}{p_R}} \tag{5-22}$$

$$J_o = \frac{C\Lambda}{1 - H\Lambda - \dfrac{p_{wf}}{p_R}} \tag{5-23}$$

$$p_R = \frac{p_{wf}}{1 - \Lambda\left(H + \dfrac{C}{J_o}\right)} \tag{5-24}$$

(2)在油水两相流(水压驱动伴有溶解气驱动)的条件下，将式(5-21)代入式(5-1)，整理得：

$$q_L = \frac{A\Lambda(p_R - p_{wf})}{1 - B\Lambda - \dfrac{p_{wf}}{p_R}} \tag{5-25}$$

$$q_o = \frac{A\Lambda(p_R - p_{wf})(1 - f_w)}{1 - B\Lambda - \dfrac{p_{wf}}{p_R}} \tag{5-26}$$

$$J_o = \frac{A\Lambda(1 - f_w)}{1 - B\Lambda - \dfrac{p_{wf}}{p_R}} \tag{5-27}$$

$$p_R = \frac{p_{wf}}{1 - \Lambda\left[B + \dfrac{A(1 - f_w)}{J_o}\right]} \tag{5-28}$$

式(5-24)、式(5-28)的地层压力值由迭代法求解。

以上应用 I 模型和广义的 PI-IPR 曲线公式结合，导出了单相油流和油水两相流在不同流压范围及不同驱动方式条件下，预测产量、产能和地层压力的公式。已知压力和含水率，能够预测和监测产量的变化；或者已知产能和含水率，能够预测和监测压力的变化。

三、I 模型预测方法的矿场应用

1. 预报油田(单井和区块)开采的动态指标

实例 1： 将朝阳沟油田朝 63 抽油井的天然能量试采资料进行计算，用 1~8 个数据点（取 3 天为 1 个数据点）的时间序列动态参数（p_b、p_R、p_{wf}、q_o）进行纵向拟合。已知压力范围 $p_b > p_{wf}$，$p_b = 6.3$MPa。将式（5-20）计算结果代入式（5-2）线性回归（图 5-6），将图 5-6 中的经验常数 $C = 0.2187$，$H = 0.6397$ 代入式（5-22），预测 1~13 点时间序列的日产油量，相对误差平均值为 1.6%，预测点产量的合格率达到 100%。用 I 模型式（5-2）预测不同 p_R 和 J_o 值对应的 q_{oM} 值，与式（5-18）计算结果相同（表 5-2）。

实例 2： 萨中地区高台子油层试验区（南块）的 15 口自喷井，将 1981 年 3 月至 1982 年 9 月的 7 个时间序列点的动态参数（p_b、p_R、p_{wf}、q_L）的平均值进行纵向拟合。已知 $p_b > p_{wf}$，将式（5-21）代入式（5-1）进行线性回归（图 5-7），将图 5-7 中的 $A = 0.6551$，$B = 0.5711$ 代入式（5-25），在已知 p_R、p_{wf} 条件下，测算得到 1~11 个时间序列点的日产液量（综合含水率变化范围值 6.9%~30%），其相对误差小于 20%，预测点产量的合格率高达 100%。

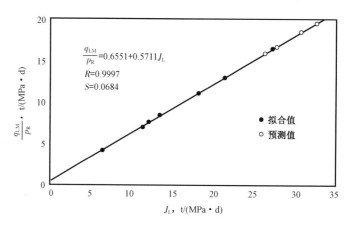

图 5-7　萨中高台子油层（南块）I 模型产能变化图

2. 生产井堵水效果监测

南 1-3-27 井是我国砂岩油藏第一口累计产油达到 100×10^4t 的王牌高产井[2]，投产 9 年后，厚油层葡 I 2-4 下部已为高含水层，1972 年 9 月封堵该层后，全井含水率由 66% 下降到 32%，流压和采油指数明显降低。用堵水前 15 个时间序列点的生产数据进行拟合（图 5-8），将图中的 $A = 4.4281$，$B = 0.5754$ 代入式（5-25），预测堵水后 18 个点的时间序列的产液量，相对误差小于 20% 的数据点合格率为 84.8%。此例说明 3 个问题：一是对同一口油井，改变井筒油嘴或井口油嘴，对 A、B 值影响很小，若用堵水后的数据点拟合，得 $A = 3.7702$，$B = 0.5863$，与堵水前的数据点拟合值 A、B 接近；二是堵水后的数据点落在直线段上，表明其他低含水层的产油量接替了被堵层的产水量，产生了流压降低而放产的机制，改善了全井的开发效果；三是通过对曲线的分析，起到了动态变化的监测作用。

表 5－2　朝 63 井天然能量试采产量预测

测试日期		10月10日	10月13日	10月16日	10月19日	10月22日	10月25日	10月28日	10月31日	11月3日	11月6日	11月9日	11月12日	11月15日
地层压力,MPa		9.90	9.76	9.63	9.50	9.36	9.23	9.10	8.96	8.83	8.69	8.56	8.42	8.24
流动压力,MPa		6.10	4.52	3.46	3.02	2.84	2.60	2.38	2.30	2.15	2.48	2.33	2.20	1.86
产油量 t/d	实测	11.1	10.2	9.8	9.0	9.2	8.5	8.0	7.8	7.7	8.2	7.2	6.7	6.2
	预测	10.6	10.9	9.5	10.1	8.6	8.2	7.9	7.7	7.4	7.8	7.6	7.3	6.8
相对误差,%		-3.8	6.9	-2.6	12.2	-6.2	-2.8	-1.0	-0.6	-2.6	-4.2	5.5	9.8	9.6
最大理论排量 t/d	采用式(5-18)计算	20.6	14.1	11.9	11.6	10.6	9.6	8.9	8.6	8.2	8.9	8.6	8.1	7.4
	采用式(5-2)计算	20.6	14.2	11.8	11.8	10.5	9.6	8.9	8.7	8.2	8.8	8.6	8.1	7.4

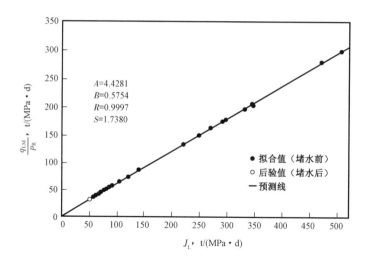

图 5 – 8　南 1 – 3 – 27 井堵水前、后 Ⅰ 模型产能变化图

3. 地层压力的预测和检验

现以中 10 – 36 井为例,已知 15 个时间序列数据点的压力范围 $p_{wf} > p_b$,将式(5 – 9)代入式(5 – 1)拟合(图 5 – 9),得到的 $A = -7.4631$,$B = 0.7411$ 代入式(5 – 16)计算,在已知采液指数(或已知产液量和流压)条件下,比较预测静压值与实测静压值的绝对误差,在 ±0.2MPa 范围内的数据点合格率占 60%,在 ±0.4MPa 范围内的数据点合格率占 93.3%;静压预测值的相对误差在 ±5% 范围的数据点合格率占 93.3%(表 5 – 3)。表 5 – 3 中第 5 个时间点的静压预测值与实测值相差 0.76MPa(在各数据点中差值最大),在产液量和流压相对稳定和易于求准的情况下,可以检验出第 5 个时间点由实测误差造成的静压值偏低,起到了压力预报的监测和检验作用。

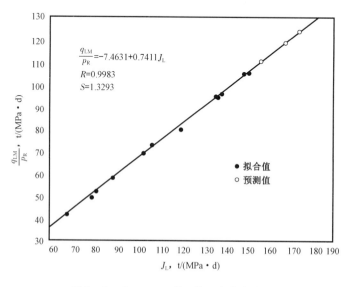

图 5 – 9　中 10 – 36 井 Ⅰ 模型产能变化图

表 5 - 3　中 10 - 36 井地层压力预测效果

含水率,%		0	5.2	10.0	17.0	26.0	34.0	43.0	50.0	58.6	58.2	63.9	65.5	73.9	73.8	79.3
地层压力 MPa	实测	9.15	8.94	9.63	9.63	9.54	10.48	10.24	10.44	10.52	10.62	10.75	11.08	10.99	11.19	11.15
	预测	8.93	9.35	9.39	9.62	10.30	10.05	9.95	10.56	10.49	10.55	10.72	10.69	10.90	10.79	10.96
绝对误差,MPa		- 0.21	0.41	- 0.23	- 0.01	0.76	- 0.42	- 0.28	0.12	- 0.02	- 0.06	- 0.02	- 0.38	- 0.08	- 0.39	- 0.18
相对误差,%		- 2.37	4.63	- 2.46	- 0.07	8.03	- 4.02	- 2.77	1.14	- 0.20	- 0.56	- 0.23	- 3.44	- 0.78	- 3.51	- 1.62

4. 选择抽油井合理排量的泵型

任选萨中地区的一批在相同时期已由自喷井转为抽油井的电泵井(多为高含水井),将其压力、产液量数据用 I 模型进行横向拟合得 A、B 值(图 5 - 10)。由图 5 - 10 看到,指标参数统计的线性相关程度很好,相关系数 R 和剩余标准离差 S 都大于 99%。在 $p_b > p_{wf}$ 条件下,将 $A = 5.7224$,$B = 0.6136$ 代入式(5 - 25)对另一批待转抽井的排液量进行预测,为这些抽油井选择合理排量的泵型提供依据。式(5 - 25)中的流压值由设计要求的泵吸入口深度及其气液体积分数的合理范围确定;静压值由选泵规定和计算的压力上下限来确定,也可以根据转抽前后的压力变化值来确定。

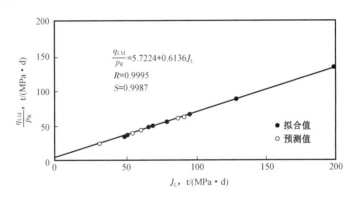

图 5 - 10　萨中转抽井 I 模型产能变化图

表 5 - 4 列出 4 种选择转抽井泵型的排量预测方法。若将预测高产井产液量的相对误差规定在 ± 25% 之内为合格,其中 I 模型方法的井点预测合格率高达 92.3%,另外 3 种方法的井点预测合格率都低于 80%。用 I 模型方法计算简便实用,并且系统考虑了压力和含水率的变化因素,提高了产量预测的合格率。

表 5 - 4　萨中地区转抽井排液量的预测效果比较

序号	井号	转抽初期产液量 t/d	I 模型方法预测		相对采油指数法预测		IPR 方法预测		校正 IPR 方法预测	
			产液量 t/d	相对误差 %	产液量 t/d	相对误差 %	产液量 t/d	相对误差 %	产液量 t/d	相对误差 %
1	中 10 - 观 23	300	332	10.6	285	- 5	381	27	245	- 18.3
2	南 1 - 1 - 25	430	399	- 7.2	713	65.8	1121	160.7	648	50.7
3	西 6 - 101	270	317	17.4	370	37	665	146.3	273	1.1

序号	井号	转抽初期产液量 t/d	I 模型方法预测		相对采油指数法预测		IPR 方法预测		校正 IPR 方法预测	
			产液量 t/d	相对误差 %	产液量 t/d	相对误差 %	产液量 t/d	相对误差 %	产液量 t/d	相对误差 %
4	中检 7 – 3	285	302	6	205	– 28	383	34.4	258	– 9.5
5	中 6 – 2	518	449	– 13.3	647	25	1026	98	692	33.6
6	中 6 – 1	357	413	15.7	293	– 18	365	2.2	365	2.2
7	萨 125	514	570	10.8	386	– 25	413	– 19.6	534	3.9
8	西 4 – 3	399	306	– 23.3	476	19.3	634	58.8	464	16.3
9	西 4 – 2	365	418	14.5	336	– 8	581	59.2	369	1.1
10	中 5 – 24	262	265	1.1	227	– 13.3	440	68	269	2.7
11	萨 244	231	302	30.7	347	50.2	410	77.4	171	– 26
12	西 5 – 5	446	366	– 18	534	19.7	789	77	548	22.9
13	西 5 – 3	339	325	– 4.1	333	– 1.7	568	67.6	389	14.7
	平均值	363	366	0.8	396	9.1	598	64.7	402	10.7
	井点预测合格率,%		92.3		69.2		15.3		76.9	

还应该注意到,不同开采方式对 I 模型线性关系的截距值影响较大。例如,南 1 – 2 – 丙 24 井由自喷开采转为抽油开采,两种开采方式的动态资料分别用 I 模型进行拟合。因为电泵抽油开采增加了产液量,所以截距值 A 增大了 5.7 倍,斜率值 B 的变化却很小(图 5 – 11)。可用同类井比较 A 值的大小来分析转抽后的开采效果。

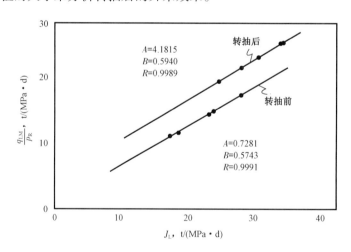

图 5 – 11 南 1 – 2 – 丙 24 井转抽前后 I 模型产能变化图

5. I 模型的注水井应用

研究表明,I 模型能够推广应用于注水井的分析,监测注水量、吸水指数和注水压力。可以参照对应条件下的采油井计算公式进行预测,由采出的参数指标更换为注入的参数指标,即可进行拟合计算。注水井的 I 模型示例如图 5 – 12 所示。

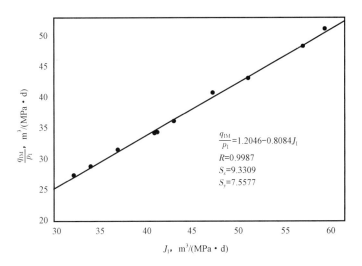

图 5 - 12　杏八—九区东块 I 模型吸水能力变化图

q_{IM}—流压为 0 的最大理论注水量，m^3/d；p_1—注水井的井底压力，MPa；J_1—吸水指数，$m^3/(MPa \cdot d)$；

R—相关系数，无量纲；S_x—x 轴向离差，小数；S_y—y 轴向离差，小数

6. 提高拟合精度及预测合格率分析

从以上实例分析中看到，I 模型是一种注采系统的统计分析模型，具有预测功能、监测功能和通用功能。为了提高 I 模型拟合动态参数的精确度，保证产量或压力的预测合格率符合油藏工程的需要，除了按不同压力范围选择前述的解析计算式外，在拟合资料的选择方面，应注意到以下几点：

（1）尽量选择测试准确可靠的压力、产量数据进行 I 模型拟合，得到相关程度好（相关系数 R 应大于 0.99）的 A、B 值或 C、H 值。

（2）A、B 值或 C、H 值是与油层条件、流体性质和注采方式有关的经验常数，应选择同类井网、层系的油井动态参数，同一井采方式的数据进行拟合预测。

（3）计算表明，用同一个开发区块或一口采油井的动态参数按时间先后的纵向拟合，取由低含水向高含水变化的数据点越多，其拟合精度和预测合格率就越高。

（4）对于某油田（区块）的不同井点，应选择相同或相近含水阶段油井的动态参数进行横向拟合和预测，可以提高拟合精度及预测的合格率。

（5）当油井的静压 p_R 或流压 p_{wf} 的变化范围值越小时，压力值的拟合精度就越高。

（6）以上注意事项同样适用于注水井资料的统计应用。

第二节　注采比协调的单控模型

注采比是注水开发油田在方案设计和实施过程中，合理配置注水量的重要依据。以往通常根据油田动态资料确定当前或阶段注采比，对注采比的预测限于注采比与地层压力的近似线性关系。然而，这只是本书所述注采比先低后高类型中曲线某一部分的特例。本书从实践

和理论两方面,在水驱油动态方程基础上,推导出预测注采比变化规律的通用数学模型。模型曲线表明,注采比变化全过程是水油比(含水率)单值的函数。在研究简捷实用的注采比预测公式基础上,系统地总结出合理注采比变化全过程的曲线形态及各种类型,分析造成曲线形态不同的机理因素。采用本书导出的注采比数学模型及动态预测方法[4],在一定的井网系统和工作制度下,能够测算出开发全过程的合理注采比及配注水量和采出程度变化与最终采收率值,为非均质水驱油田高效开发和经济评价提供依据。

一、合理注采比的预测公式推导

注水开发油田的注采关系为[3]:

$$\lg(W_I - F) = C + DN_p \tag{5-29}$$

式中 W_I——累计注水量,$10^4 m^3$;

$\quad\quad N_p$——累计产油量,$10^4 t$;

$\quad\quad C、D、F$——经验常数,小数。

定义注采比的关系式为:

$$IPR = \frac{\dfrac{dW_I}{dt}}{\dfrac{dN_p}{dt}\left(\dfrac{B_o}{\gamma_o} + WOR\right)} \tag{5-30}$$

对式(5-29)的两端求导数,整理后连同式(5-29)代入式(5-30)得:

$$IPR = \frac{2.3D \times 10^{C+DN_p}}{\dfrac{B_o}{\gamma_o} + WOR} \tag{5-31}$$

式中 IPR——注采比,无量纲;

$\quad\quad$ WOR——水油比,无量纲;

$\quad\quad B_o$——地层油体积系数,无量纲;

$\quad\quad \gamma_o$——地面原油密度,t/m^3。

水驱特征曲线的直线方程式[3]为:

$$\lg(W_p + E) = A + BN_p \tag{5-32}$$

由式(5-32)变换得:

$$N_p = \frac{\lg\left(\dfrac{WOR}{2.3B}\right) - A}{B} \tag{5-33}$$

式中 W_p——累计产水量,$10^4 m^3$;

$\quad\quad A、B、E$——经验常数,小数。

将式(5-33)代入式(5-31),经过对数运算,整理得:

$$IPR = \frac{G \cdot WOR^H}{\dfrac{B_o}{\gamma_o} + WOR} \tag{5-34}$$

式(5-34)即为水驱油田注采比曲线的通用预测公式,是水油比单值的函数,即是建立了注采比协调的单控模型。

式(5-34)同式(5-29)、式(5-32)的常数关系式:

$$\lg G = C - \frac{AD}{B} + \lg \frac{2.3D}{(2.3B)^H} \tag{5-35}$$

$$H = \frac{D}{B} \tag{5-36}$$

G 和 H 是综合经验常数(小数),能够通过式(5-34)取对数值的线性回归求得:

$$\lg \left[IPR \cdot \left(\frac{B_o}{\gamma_o} + WOR \right) \right] = \lg G + H \cdot \lg WOR \tag{5-37}$$

有时为了预测需要,式(5-37)可以改写为二元回归形式:

$$\lg IPR = \lg L + M \cdot \lg WOR + N \cdot \lg \left(\frac{B_o}{\gamma_o} + WOR \right) \tag{5-38}$$

式中　L、M、N——经验常数,小数。

由式(5-38)得到注采比曲线预测的另一种水油比单值监控的表达式:

$$IPR = L \cdot WOR^M \left(\frac{B_o}{\gamma_o} + WOR \right)^N \tag{5-39}$$

图5-13是油田实际注采比和水油比相关曲线,表明式(5-37)动态变量在双对数坐标上具有线性关系。

二、注采比曲线的形态及类型

由式(5-34)得出图5-14的注采比变化理论曲线,设 B_o/γ_o 为1.36,极限含水率在98%达到注采平衡时注采比 IPR_2 为1,初含水率为2%时注采比 IPR_1 为0.1~2.5。当 IPR_1 为

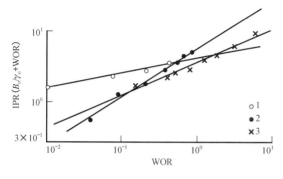

图5-13　注采比与水油比相关曲线图
1—朝阳沟油田试验区;2—龙虎泡油田;3—511 井葡Ⅰ4—7层

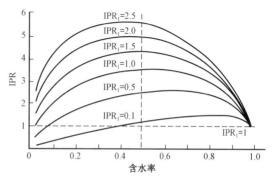

图5-14　注采比变化理论曲线

0.1～0.5 时，曲线形态属于先低后高型；当 IPR_1 为 1.0～1.5 时，曲线形态属于两侧对称型；当 IPR_1 为 2.0～2.5 时，曲线形态属于先高后低型。

　　图 5－15 是油田（油井）注采比变化的实测曲线，它们的形态可以归纳为先高后低型（如朝阳沟油田试验区）、先低后高型（如龙虎泡油田）、两侧对称型（如小井距 511 井葡Ⅰ4－7层）、正稳定型（如小井距 511 井葡Ⅰ1－2层）和负稳定型（如萨中开发区中区西部）5 种类型。应用式（5－37）或式（5－38）对图 5－15 的 5 种曲线类型进行动态数值拟合，实测值与预测值的相关系数大于 0.95（表 5－5），证明实测曲线与理论曲线的变化规律是一致的。用物质平衡方程式计算可以得出类似变化规律。

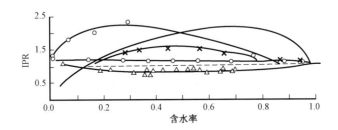

图 5－15　注采比变化实测曲线

○—先高后低型（朝阳沟油田试验区）；×—两侧对称型（511 井葡Ⅰ4－7层）；△—负稳定型（萨中开发区中区西部）；
●—先低后高型（龙虎泡油田）；□—正稳定型（511 井葡Ⅰ1－2层）

三、影响注采比的因素分析

1. 相对采液指数

在生产压差稳定条件下，由注采比定义式（5－30），整理得：

$$IPR = \frac{WQ_{IW}}{J_L\left[\frac{B_o}{\gamma_o}(1-f_w)+f_w\right]} \qquad (5-40)$$

由平面径向流公式整理得式（5－40）中的相对采液指数表达式为：

$$J_L = K_{ro} + \frac{\mu_o}{\mu_w}K_{rw} \qquad (5-41)$$

式中　K_{ro}、K_{rw}——油相和水相的相对渗透率，无量纲；

　　　　μ_o/μ_w——油水黏度比，无量纲；

　　　　Q_{IW}——年注水量，$10^4 m^3$；

　　　　f_w——含水率，小数；

　　　　W——与初始采液指数、油水井数比、生产天数、生产压差有关的经验常数，小数。

　　由式（5－41）绘出的图 5－16 可见，朝阳沟油田在含水率为 30% 以前，相对采液指数（J_L）呈下降变化趋势。因储层（砂层）和裂缝吸水等因素，使年注水量（Q_{IW}）增加幅度明显高于 J_L 下降幅度，故投产初期年注采比（IPR）有较大提高（图 5－15）。含水率为 30% 以后，J_L 上升幅度越来越大，高于 Q_{IW} 增加幅度，导致 IPR 逐渐降低（图 5－15）。

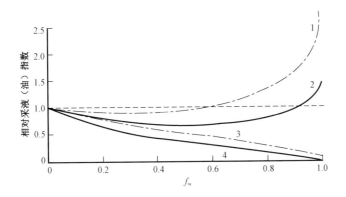

图 5 – 16 相对采液（油）指数曲线

1,2—朝阳沟油田（$\mu_o/\mu_w = 16.4$）、龙虎泡油田（$\mu_o/\mu_w = 7.4$）相对采液指数；3、4—朝阳沟油田、龙虎泡油田相对采油指数

龙虎泡油田在含水率为 30% 以前，J_L 呈明显下降变化（图 5 – 16），Q_{IW} 增加幅度虽然高于 J_L 下降幅度，但受天然能量弹性开采和溶解气驱影响，IPR 增加幅度不大（图 5 – 15）。含水率为 30% ~ 80% 阶段，J_L 稳定上升，为恢复地层压力，Q_{IW} 增加幅度较大，使 IPR 逐渐提高。含水率为 80% 以后，J_L 明显上升（图 5 – 16），高于 Q_{IW} 增加幅度，使 IPR 逐渐降低（图 5 – 15）。

以上实例分析表明，从式（5 – 40）、式（5 – 41）反映出由储层油水黏度比及渗流特征决定的相对采液指数是影响注采比变化规律的主要因素。另外，注采量的相对变化幅度又制约了注采比的变化幅度。

2. 导压系数

根据注采比定义式（5 – 30）和弹性不稳定渗流理论，在初始注采量为一定值的条件下，得到初始注采比 IPR_0 的表达式：

$$\lg\eta = P + Q \times \frac{1}{IPR_0} \qquad (5 – 42)$$

式中 η——导压系数，D·MPa/(mPa·s)；

P、Q——与储层性质及投产初期注采能力有关的经验常数，小数。

据大庆喇嘛甸、萨尔图、杏树岗油田 6 大开发区的经验数据统计得：

$$\lg\eta = 0.1287 + \frac{0.7640}{IPR_0} \qquad (5 – 43)$$

式（5 – 43）的相关系数为 0.8472，剩余标准离差为 0.1034。

又据大庆长垣外围的 7 个油田经验数据统计得：

$$\lg\eta = -1.6011 + \frac{1.7879}{IPR_0} \qquad (5 – 44)$$

式（5 – 44）的相关系数为 0.9646，剩余标准离差为 0.2145。

统计结果证实，式（5 – 42）直线方程的 η 和 $\frac{1}{IPR_0}$ 在半对数坐标上的相关性较好，表明导压系数的高低决定了初始注采比的大小，又影响了注采比曲线形态的变化（图 5 – 14）。

3. 地层压力

在油田注水开发过程中,地层压力水平及原油脱气量对注采比的影响较大。由图 5－15 看到,小井距 511 井葡 I 1－2 层在不同含水阶段,因地层压力比饱和压力高 3.7～7.6MPa,地层油基本不脱气,使注采比大于 1,呈正稳定型变化。

中区西部在中、高含水期以前,注水量相对较稳定,地层压力多数比饱和压力高或低约 0.1MPa。在地层压力低于饱和压力情况下,地层油脱气形成油气两相,其双相体积系数增大的结果使注采比变小,呈负稳定型变化。在注水开发中后期,随着地层压力回升,注采比又逐渐趋近于 1(图 5－15)。

在设计油田初步开发方案时,有时将处于正、负稳定型之间的理论注采比 1 作为各含水阶段注采平衡及配注水量的依据。

四、合理注采比的预测方法

根据不同储层的井网密度及生产能力和压差水平,确定油田(井组)的合理采油速度。为达到合理采油速度所需要配注水量的注采比及其变化曲线,称为合理注采比。预测合理注采比需要测算以下指标:

(1)初始注采比和注采比变化过程。

要合理确定某油田的初始注采比(可选含水率为 5% 以前的注采比作为 IPR$_0$),一是依据导压系数代入式(5－42)估算;二是由矿场试验区(井组)的实际注采能力计算。例如,为了设计朝阳沟油田杨大城子特低渗透油层初步开发方案的初始注采比,根据该油层试验井组的初期单井日注水量和单井日产油量,换算得相应的注水单元初始年注采比为 3.4,以此作为初期年配注水量的依据。

注采比的变化过程由式(5－34)或式(5－39)进行预测,以便测算注水开发过程的配注水量。图 5－15 实测曲线表明,初始注采比的高低与注采比变化过程的形态密切相关。例如,大庆长垣外围的油田(朝阳沟、榆树林、升南试验区等)扶杨油层,其导压系数(η)一般较低,为 0.08～0.88D·MPa/(mPa·s),使初始注采比(IPR$_0$)较高(为 1.8～3.4),注采比曲线按先高后低的规律变化。开发葡萄花油层的龙虎泡油田,导压系数高达 5.8D·MPa/(mPa·s),使初始注采比较低(为 0.9),注采比曲线按先低后高的规律变化(图 5－15)。

(2)最大注采比和极限注采比。

对式(5－34)两端微分,并令 d(IPR)/d(WOR)＝0,得到极值点:

$$WOR = \frac{B_o H}{\gamma_o (1 - H)} \qquad (5-45)$$

将式(5－45)代入式(5－34),得到最大注采比:

$$IPR_m = GH \left[\frac{B_o H}{\gamma_o (1 - H)} \right]^{H-1} \qquad (5-46)$$

例如,将朝阳沟油田试验区的 B_o / γ_o 值(1.245)和 H 值(0.220)代入式(5－45),得极值点 WOR 值为 0.351(即 f_w 值为 0.260),再将 H 及 G 值(4.379)代入式(5－46),得预测 IPR$_m$ 值为 2.18(图 5－15)。

极限含水率(0.98)对应的注采比称为极限注采比(IPR$_n$)。按刚性水压驱动及注采平衡理论分析实际情况,IPR$_n$一般趋近于1。根据小井距6口井的动态资料,在极限含水率时,有4口井的极限注采比为1.0~1.1,有2口井为1.2。

(3)两点式边值预测注采比。

老油田具有多年来的含水率和对应的注采比数据,通过采用式(5-37)或式(5-38)进行回归运算,就能够求得经验系数和预测注采比的变化规律。对于新油田预测注采比的变化规律,可以采用两点式边值测算法。将初含水率和对应的初始注采比以及极限含水率和对应的极限注采比代入式(5-34)联解,得到经验系数 G、H 值的计算式:

$$H = \frac{\ln\left[\dfrac{\text{IPR}_0 \cdot \left(\dfrac{B_o}{\gamma_o} + \text{WOR}_0\right)}{\text{IPR}_n \cdot \left(\dfrac{B_o}{\gamma_o} + \text{WOR}_n\right)}\right]}{\ln\left(\dfrac{\text{WOR}_0}{\text{WOR}_n}\right)} \tag{5-47}$$

$$G = \left[\frac{\text{IPR}_0 \cdot \text{IPR}_n\left(\dfrac{B_o}{\gamma_o} + \text{WOR}_0\right)\left(\dfrac{B_o}{\gamma_o} + \text{WOR}_n\right)}{(\text{WOR}_0 \cdot \text{WOR}_n)^H}\right]^{0.5} \tag{5-48}$$

水油比和含水率的换算式为:

$$\text{WOR} = \frac{f_w}{1 - f_w} \tag{5-49}$$

式中　f_w——含水率,小数;

　　　IPR$_0$、IPR$_n$——初始注采比和极限注采比,无量纲;

　　　WOR$_0$、WOR$_n$——初始水油比和极限水油比,无量纲;

　　　G、H——经验常数,小数。

用两点式边值算法预测新油田的注采比变化规律如图5-17所示。该油田储层渗透率低,沉积条件复杂且产量较低,注采比按先高后低的规律变化。

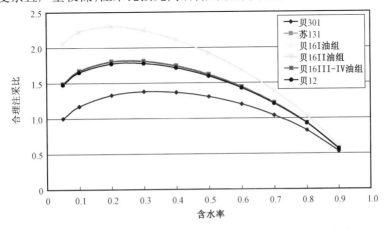

图5-17　海拉尔油田主要区块含水阶段合理注采比变化曲线

五、采出程度及最终采收率

应用注水开发前期的年注采比、水油比及采出程度值进行回归计算,能够预测采出程度及最终采收率。

将式(5-34)代入式(5-31),两端取对数得线性回归式:

$$\lg(G \cdot \text{WOR}^H) = I + JR \tag{5-50}$$

其中:

$$I = \lg 2.3D + C \tag{5-51}$$

$$J = DN \tag{5-52}$$

式中 R ——采出程度,小数;

N ——地质储量,10^4t;

I、J、D、C ——经验常数,小数。

由式(5-50)即得不同水油比对应的采出程度预测式:

$$R = \frac{\lg(G \cdot \text{WOR}^H) - I}{J} \tag{5-53}$$

将式(5-39)代入式(5-31),两端取对数整理得二元回归式:

$$R = S + U \cdot \lg\text{WOR} + V \cdot \lg\left(\frac{B_o}{\gamma_o} + \text{WOR}\right) \tag{5-54}$$

由式(5-54)即得采出程度的另一种经验预测式:

$$R = \lg\left[10^S \times \text{WOR}^U\left(\frac{B_o}{\gamma_o} + \text{WOR}\right)^V\right] \tag{5-55}$$

式中 S、U、V ——经验常数,小数。

表5-5为各油田应用注采比相关公式预测最终采收率的计算结果。其中,油田(油井)的最终采收率实际值有不同的取向,序号为1、2、3、5的是用乙型水驱曲线直线段的截距和斜率算得;序号为4的是用数值模拟方法算得;序号为6、7、8的是小井距试验井的实测值。最终采收率的预测值分别用式(5-53)和式(5-55)代入极限水油比算得,预测值与实际值的相对误差在±5%范围内(表5-5)。图5-18是几个油田(油井)的含水率与采出程度关系曲线,预测值和实测值比较接近。

表5-5 注采比相关公式预测最终采收率数据表

序号	油田(油井)	最终采收率,%			相关系数			标准离差		
		实际值	预测值	相对误差	式(5-37)	式(5-47)	式(5-51)	式(5-37)	式(5-47)	式(5-51)
1	龙虎泡	44.19	45.67	3.35	0.9961	0.9391	—	0.0504	0.1176	—
2	杏西	38.22	38.79	1.49	0.9922	0.9253	—	0.0471	0.0674	—
3	宋芳屯试验区	33.03	34.49	4.42	0.9685	0.8949	—	0.1001	0.0754	—

序号	油田（油井）	最终采收率，%			相关系数			标准离差		
		实际值	预测值	相对误差	式(5-37)	式(5-47)	式(5-51)	式(5-37)	式(5-47)	式(5-51)
4	朝阳沟试验区	27.10	26.56	-1.99	0.9594	0.9527	—	0.0566	0.0611	—
5	中区西部	43.43	45.05	3.73	—	—	0.9918	—	—	0.0062
6	511 井（葡 I 1-2）	63.20	61.07	-3.37	—	—	0.9877	—	—	0.0220
7	511 井（葡 I 4-7）	62.10	62.21	0.18	0.9775	0.9958	—	0.1102	0.0352	—
8	511 井（萨 I 7+8）	51.50	51.17	-0.64	0.9319	0.9602	—	0.1991	0.1209	—

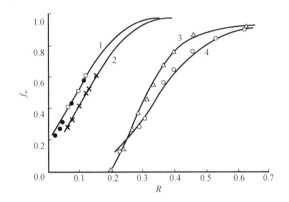

图 5-18　含水率与采出程度关系曲线

1—宋芳屯试验区；2—杏西油田；3—511 井葡 I 1-2 层；4—511 井葡 I 4-7 层

第三节　相对渗透率的相关模型

在没有实际岩样测定资料的条件下，应用理论或经验公式进行计算，可以求得油、水两相的相对渗透率随地层含水饱和度的变化关系式。一些研究者也已建立了在不同岩性条件下确定相对渗透率的经验公式[5,6]。从油水两相的相对渗透率经验公式出发，导出了矿场实用统计公式，即相对渗透率相关方程式[7]，它能够较好地拟合注水开发油田全过程的含水率与采出程度、采油指数与采出程度的变化规律；预测含水上升率、最终采收率等动态指标，估算地层原油黏度、平均供油半径等参数。在不同含水阶段，都能够合理地进行各项开发指标的监测和分析。

一、油水相对渗透率相关方程式的推导

1. 含水率与采出程度关系

据张朝琛等编《油藏工程方法手册》中所述，油水两相的相对渗透率经验公式［对琼斯

（Jones）的修正式〕如下：

$$K_{rw} = \left(\frac{S_w - S_{wi}}{1 - S_{wi}} \right)^3 \tag{5-56}$$

$$K_{ro} = \left(\frac{1 - S_w - S_{or}}{1 - S_{wi} - S_{or}} \right)^2 \tag{5-57}$$

式中　K_{rw}——水的相对渗透率，小数；

　　　K_{ro}——油的相对渗透率，小数；

　　　S_w——地层含水饱和度，小数；

　　　S_{wi}——地层束缚水饱和度，小数；

　　　S_{or}——地层残余油饱和度，小数。

　　为使式（5-56）、式（5-57）在应用上具有普遍性，令次幂 $m = 3$，$n = 2$，并将式（5-56）除以式（5-57）得：

$$\frac{K_{rw}}{K_{ro}} = \frac{\left(\dfrac{S_w - S_{wi}}{1 - S_{wi}} \right)^m}{\left(\dfrac{1 - S_w - S_{or}}{1 - S_{wi} - S_{or}} \right)^n} \tag{5-58}$$

式中　m、n——与流体物性和岩层性质有关的经验常数，小数。

　　用容积法计算储量的公式，经推导得到：

$$R = \frac{S_w - S_{wi}}{1 - S_{wi}} \tag{5-59}$$

$$1 - \frac{R}{E_R} = \frac{1 - S_w - S_{or}}{1 - S_{wi} - S_{or}} \tag{5-60}$$

式中　R——采出程度，小数；

　　　E_R——最终采收率，小数。

　　将式（5-59）、式（5-60）代入式（5-58），得到：

$$\frac{K_{rw}}{K_{ro}} = \frac{R^m}{\left(1 - \dfrac{R}{E_R} \right)^n} \tag{5-61}$$

　　在水驱稳定渗流条件下，由达西定律易得：

$$\frac{K_{rw}}{K_{ro}} = \frac{f_w}{1 - f_w} \times \frac{\mu_w B_w \gamma_o}{\mu_o B_o \gamma_w} \tag{5-62}$$

式中　f_w——含水率，小数；

　　　μ_o——地层原油黏度，mPa·s；

　　　μ_w——地层水的黏度，mPa·s；

　　　B_o——地层原油体积系数，无量纲；

B_w——地层水的体积系数,无量纲;

γ_o——地面脱气原油密度,t/m^3;

γ_w——地面水的密度,t/m^3。

将式(5-62)代入式(5-61),两端取对数,整理后得到相关方程:

$$\lg \frac{f_w}{1-f_w} = k + m\lg R - n\lg\left(1 - \frac{R}{E_R}\right)$$　　　　(5-63)

其中:

$$k = \lg \frac{\mu_o B_o \gamma_w}{\mu_w B_w \gamma_o}$$　　　　(5-64)

若经验常数 k、m、n 值确定以后,则式(5-63)定量地描述了含水率 f_w 与采出程度 R 的变化规律。

2. 采油指数与采出程度关系

在平面径向稳定渗流条件下,由供油面积内生产压差和产量的公式导出以下关系式[4]:

$$J_o = \frac{2\pi h K \gamma_o K_{ro}}{\mu_o B_o \ln\left(\frac{r_e}{r_c}M\right)}$$　　　　(5-65)

式中　J_o——采油指数,$t/(\text{atm} \cdot d)$;

h——地层有效厚度,m;

K——地层的绝对渗透率,mD;

r_e——生产井供油半径,m;

r_c——生产井折算半径,m。

若油田处于弹性驱动阶段,常数值 $M = 0.472$;若油田处于水压驱动阶段,常数值 $M = 0.607$。

由式(5-57)和式(5-60)分别代入式(5-65),并记 $b = 2$,变换为工程单位后,表达式为:

$$J_o = \frac{0.053 h K \gamma_o}{\mu_o B_o \ln\left(\frac{r_e}{r_c}M\right)}\left(1 - \frac{R}{E_R}\right)^b$$　　　　(5-66)

式(5-66)两端取对数,得到:

$$\lg J_o = a + b\lg\left(1 - \frac{R}{E_R}\right)$$　　　　(5-67)

$$a = \lg \frac{0.053 h K \gamma_o}{\mu_o B_o \ln\left(\frac{r_e}{r_c}M\right)}$$　　　　(5-68)

式中　a、b——与流体物性和岩层性质有关的经验常数,小数。

a、b 值确定之后,就建立了采油指数 J_o 与采出程度 R 的定量关系式。

3. 矿场实用公式

（1）采出程度和含水率。

由式（5-63）可得：

$$R = \left[10^{-k} \times \frac{f_w}{1 - f_w} \times \left(1 - \frac{R}{E_R} \right)^n \right]^{\frac{1}{m}} \tag{5-69}$$

或得

$$f_w = \frac{1}{1 + \frac{\left(1 - \dfrac{R}{E_R} \right)^{-n}}{10^k R^m}} \tag{5-70}$$

式（5-69）给定 f_w 值，由迭代法求解不同含水率对应的采出程度 R 值。式中，E_R 是最终采收率标定值，可由岩心水驱油试验确定。应用式（5-70），可求解不同 R 值条件下的 f_w 值。

（2）含水上升率和阶段采出程度。

由式（5-63）微分得：

$$\frac{\mathrm{d}f_w}{\mathrm{d}R} = f_w (1 - f_w) \left(\frac{m}{R} + \frac{n}{E_R - R} \right) \tag{5-71}$$

式中 $\dfrac{\mathrm{d}f_w}{\mathrm{d}R}$——含水上升率，小数。

由式（5-71）分离变量积分，得：

$$R_2 = R_1 \left[\frac{f_{w2}(1 - f_{w1})}{f_{w1}(1 - f_{w2})} \times \left(\frac{E_R - R_2}{E_R - R_1} \right)^n \right]^{\frac{1}{m}} \tag{5-72}$$

式中 f_{w1}、f_{w2}——所研究的某阶段始、末的含水率，小数；

R_1、R_2——所研究的某阶段始、末的采出程度，小数。

（3）单井日产油量和生产压差。

由式（5-67）可得：

$$q_o = 10^a \left(1 - \frac{R}{E_R} \right)^b \Delta p \tag{5-73}$$

或得：

$$\Delta p = 10^{-a} q_o \times \left(1 - \frac{R}{E_R} \right)^{-b} \tag{5-74}$$

式中 q_o——单井产油量，t/d；

Δp——生产压差，MPa。

（4）地层原油黏度。

由式（5-64）可得：

$$\mu_o = \frac{10^k \mu_w B_w \gamma_o}{B_o \gamma_w} \tag{5-75}$$

（5）生产井供油半径。

由式（5－68）可得：

$$r_\mathrm{e} = \frac{r_\mathrm{c}}{M}\exp\frac{0.053hK\gamma_\mathrm{o}}{\mu_\mathrm{o}B_\mathrm{o} \times 10^a} \qquad (5-76)$$

上述各式，主要适用于区块的开发指标预测和油层参数计算。若用于单井，需将各式中的 R 换为 N_p（累计产油量），E_R 换为 N_pf（最终累计产油量），并重新确定经验常数。

二、经验常数的确定方法及精度分析

1. 直接拟合法

式（5－63）和式（5－67）中的经验常数值 k、m、n、a、b，可用计算机由开采数据分别进行二元回归和一元回归得到。萨中地区 5 个区块用直接拟合法求得的经验常数见表 5－6。

表 5－6　相对渗透率相关方程式的经验常数

区块名称	曲线出现拐点时间	主要增产措施	经验常数适用阶段	初见水采出程度%	最终采收率%	直接拟合法					图版法		
						k	m	n	r	$2S$	k	m	n
南一区	无		开采全过程	0.15	55.25	1.2118	1.8225	－0.1534	0.9958	0.7239	1.22	1.85	－0.16
中区西部	1973 年	堵水	措施前	0.10	58.55	0.9480	1.4302	－0.1745	0.9787	0.7069	1.11	1.50	－0.165
			措施后	0.20	61.63	1.0187	1.6460	－0.1738	0.9918	0.7164	1.21	1.95	－0.15
中区东部	1973 年	新井投产堵水	措施前	0.02	62.54	0.9146	1.4229	－0.1621	0.9760	0.6659	0.85	1.25	－0.17
			措施后	0.20	69.55	0.9572	1.5718	－0.1604	0.9943	0.6760	1.08	1.85	－0.15
东区	1977 年	新井投产堵水	措施前	0.15	61.30	1.1312	1.8343	－0.1238	0.9874	0.6569	1.06	1.75	－0.155
			措施后	0.20	67.73	1.1020	1.8913	－0.1406	0.9965	0.7510	1.10	1.90	－0.15
萨中地区	1973 年	新井投产堵水	措施前	0.01	52.93	0.5850	0.9744	－0.2803	0.9851	0.8860	0.80	1.20	－0.19
			措施后	0.14	58.17	0.9891	1.5283	－0.1874	0.9989	0.7586	1.15	1.80	－0.16

注：r 为二元回归的相关系数，$2S$ 为二元回归的剩余标准离差的 2 倍。

相关方程式中的最终采收率 E_R 值，在含水期用驱替特征曲线求得；对处于投产初期的油田，E_R 值可用油水两相驱替理论公式或孔隙结构参数相关式估算。由于 E_R 需经取对数，因此 E_R 的误差不会影响式（5－63）和式（5－67）计算的精度。

在拟合时应该注意两点：第一，油田上若投产了加密调整井，或进行了频繁的堵水、转抽等工艺措施，导致可采储量和采收率增加，都会影响经验常数的改变。反映在拟合曲线出现拐点的前后，k、m、n 会有双值（图 5－19、表 5－6）。因此，在开发过程中，应当考虑措施前后分别确定经验常数。第二，若用含水初期的开采数据进行拟合，应将接近极限含水率及其对应的接近最终采收率的一点作为终端拟合点，可以提高油田后期预测的精度。

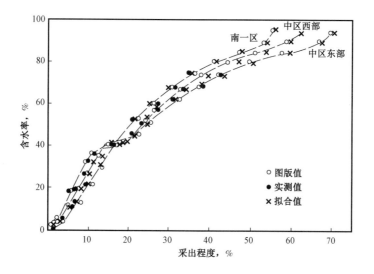

图 5 – 19 含水率与采出程度关系曲线

2. 图版法

试将图版的制作及应用方法简述如下:以大庆喇嘛甸、萨尔图、杏树岗油田约 30 个区块的含水率与采出程度资料进行统计,得到了适用于砂岩油田的经验常数 k、m、n 值,将它们分别与初见水时的采出程度 R_o 和最终采收率 E_R 建立有规律的对应关系,在直角坐标上制成了半经验半理论图版(图 5 – 20 至图 5 – 22)。并用拉格朗日中值定理对式(5 – 63)验算了 f_w、R 的中值,与实测值符合,验证了 k、m、n 值的可靠性。在查图版之前,选用的初见水采出程度 R_o 值应在无水采收率附近确定。查得 k、m、n 值之后,可先代入式(5 – 69)或式(5 – 70)试算,其结果若与开发初期(或后期)实际的 f_w、R 对应值基本符合,经验常数则可用;否则,应对 R_o 进行适当调整,重新查得 k、m、n 值之后再行试算,直至得到好的拟合效果为止。部分区块用图版查得的 k、m、n 值见表 5 – 6。

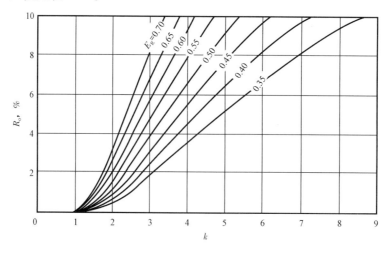

图 5 – 20 初见水采出程度与经验常数 k 关系图

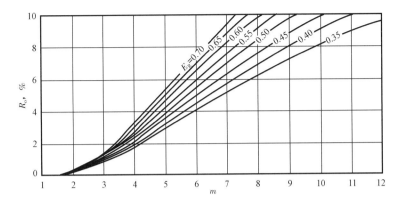

图 5 - 21 初见水采出程度与经验常数 m 关系图

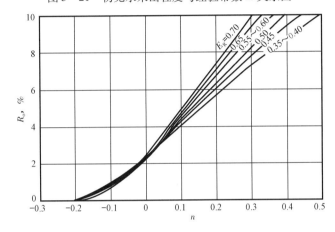

图 5 - 22 初见水采出程度与经验常数 n 关系图

应当指出,"图版法"是在自喷井条件下得出的,若用于投产初期就成片转抽的区块,则应将转抽后的实际资料重新进行数理统计,得出新的图版。

3. 精度分析

萨中地区及部分区块,用上述两种方法求得的 k、m、n 值是比较接近的(表 5 - 6)。将它们分别代入式(5 - 69)进行测算,R 的求解值与实际值基本符合。部分区块的含水率与采出程度关系曲线如图 5 - 19 所示。从各区块来分析,采出程度的预测值与实际值的绝对误差一般在 ±1% 以内。在油田开发后期,若用直接拟合法同驱替特征曲线方法进行比较,两者的测算结果是一致的。由此可见,用上述两种方法求得的 k、m、n 值进行预测,能够达到油藏工程实用要求的精度。

三、矿场综合应用实例

1. 最终采收率和可采储量

萨中地区部分区块的 k、m、n 值变化范围,分别集中在 $0.9 \sim 1.2$,$1.4 \sim 1.9$,$-0.14 \sim -0.18$。若已知经验常数值和地质储量,则可以验算最终采收率 E_R 和可采储量 N_{pf}。例如,用南一区的

k、m、n 值代入式(5 – 69)迭代运算,当极限含水率为 0.95 时,算得 $E_R = 0.5475$,与原值 $E_R = 0.5525$ 基本相同。其他区块的计算结果都相符。

2. 地层原油黏度

各区块用 k 值计算的 μ_o 值与高压物性测试值接近(表 5 – 7)。式(5 – 75)可用于对地层原油黏度的估计和分析。其他计算参数的取值为:$B_o = 1.12$,$B_w = 1$,$\gamma_o = 0.86$,$\gamma_w = 1$。

表 5 – 7　萨中地区部分区块地层原油黏度比较

区块名称	高压物性资料		k 值计算	
	统计井层	μ_o,mPa · s	μ_o,mPa · s	
			$\mu_w = 0.6$mPa · s	$\mu_w = 1$mPa · s
南一区	29	8.6	7.5	12.5
中区西部	50	9.2	4.5	7.4
中区东部	50	9.2	7.3	12.1
东区	12	8.3	6.0	10.0

3. 平均供油半径

以中 10 – 36 井为例,该井位于南一区中间井排,开采葡一组油层,类似五点法注水方式,用标准井位坐标计算,4 口注水井与该井的平均注采井距为 970m。中 10 – 36 井区的平均射开有效厚度为 10.1m,平均有效渗透率为 536.3mD,地层原油黏度为 6.2mPa · s。由矿场试油资料得到的有效渗透率与岩心空气渗透率关系曲线,查得该井平均绝对渗透率 $K = 1393.9$mD。折算半径可用式(5 – 77)计算[5]:

$$r_c = r_w \times 10^{-(\frac{\Delta p}{2i} - 3.5)} \tag{5 – 77}$$

据中 10 – 36 井 1980—1984 年测压资料计算,平均生产压差 $\Delta p = 20$atm,压力恢复曲线平均斜率 $i = 2.4$atm,井底半径 $r_w = 0.1$m,代入式(5 – 77)计算得折算半径 $r_c = 0.0215$m。其他计算参数取值:$M = 0.607$,$\gamma_o = 0.86$,$B = 1.12$,$a = 0.9835$[由式(5 – 67)回归算得],将它们代入式(5 – 76),得平均供油半径 $r_e = 522$m,大约是注采井距的一半。

第四节　油田井网动态优控模型

油田开发的基本任务,是在科学的开发方案指导下,用最低的成本获取最佳的技术经济效益。研究油田注采井网动态优化控制模型,能够预测在不同的井网密度(注采井距)或油水井数比(注水方式)条件下的产油量优化井网密度及最大产油量、生产压差、水驱控制程度等指标,给出了经验常数的测算方法,为油田开发方案的指标预测和井网优化设计提供科学依据。通过实际资料和油藏数值模拟计算结果对模型的拟合检验,表明井网动态优化模型的预测精度较高,是一种新的、简便实用的机理模型❶。

---

❶ 引自钟德康所著的《油田注采井网动态优化模型研究》,大庆石油管理局勘探开发研究院,1998 年 11 月。

由井间干扰试验可知,在开井或关井过程中,流体和岩层弹性能量的释放,导致油井之间、注水井之间或注采井之间压降漏斗的相互干扰作用,导致生产压差或注水压差降低,从而使产量或注水量下降。在新井投产情况下,随着井网密度增大(井距减小),渗流场发生了变化,使井间干扰作用增强,地层压力和产量明显降低。干扰程度可以用压降叠加原理进行估计。当井网密度减小(井距增大)时,低渗透差油层的砂体连通程度变差,水驱控制程度变小,同样导致了产量或注水量下降。

为了选择油田开发最佳设计方案,首先需要知道产量或生产压差、水驱控制程度与注采井网系统之间的定量关系。因此,必须建立油田动态指标与井网系统[由注采井距(井网密度)和注水方式(油水井数比)两部分构成]之间的优化预测模型。

一、建立井网系统的优控模型

1. 构模原理及过程

1)水驱控制程度关系式

文献[8]指出:"一个研究对象总体的指数增长或衰减,其主要特征表示了总体的变化率对总体本身瞬时值的依赖性。"经油田实践和类比研究得出,水驱控制程度(系指注入水波及的含油体积与总体积之比,可用油水井连通有效厚度与油层总有效厚度之比来表示)对井网函数的变化率与水驱控制程度的瞬时值符合上述的变化特点,其关系式为:

$$\frac{dE(I)}{dI} = B_1 E(I) \tag{5-78}$$

式(5-78)左端为水驱控制程度对井网函数的变化率,右端 $E(I)$ 为水驱控制程度,B_1 为比例常数。设井网函数 I 是与井网密度 D 和油水井数比 M 有关的应变量,即有:

$$I = f(D、M) \tag{5-79}$$

式(5-78)为一阶常微分方程式,其积分解为指数函数关系式[9]。将式(5-78)分离变量积分,再将式(5-79)代入积分结果,得到:

$$\ln E(I) = B_1 f(D、M) + C_1 \tag{5-80}$$

油田开发实践得知,油水井连通程度决定了 $E(I)$ 与 D 成正比、与 M 成反比的函数关系,由式(5-80)的关系分析,则 $f(D、M)$ 的关系式写成:

$$f(D、M) = -\frac{M}{D} \tag{5-81}$$

将式(5-81)代入式(5-80),同时变换成指数关系式,得到水驱控制程度关系式:

$$E(I) = A_1 e^{\frac{-B_1 M}{D}} \tag{5-82}$$

其中:

$$A_1 = e^{C_1} \tag{5-83}$$

2）生产压差关系式

据油藏数值模拟结果研究表明，生产压差对井网函数的变化率 $[\mathrm{d}\Delta p(J)/\mathrm{d}J]$ 同生产压差与井网函数的比值 $[\Delta p(J)/J]$ 成正比，其关系式为：

$$\frac{\mathrm{d}\Delta p(J)}{\mathrm{d}J} = B_2 \times \frac{\Delta p(J)}{J} \qquad (5-84)$$

式（5-84）中设井网函数：

$$J = g(D、M) \qquad (5-85)$$

将式（5-84）分离变量积分得：

$$\ln\Delta p(J) = B_2\ln J + C_2 \qquad (5-86)$$

油田实践表明，因井间干扰等原因，生产压差 $\Delta p(J)$ 与 D 和 M 的乘积成反比，结合式（5-86）的关系分析，则 $g(D、M)$ 可写成：

$$g(D、M) = \frac{1}{DM} \qquad (5-87)$$

将式（5-85）、式（5-87）代入式（5-86）得：

$$\Delta p(J) = A_2(DM)^{-B_2} \qquad (5-88)$$

其中：

$$A_2 = \mathrm{e}^{C_2} \qquad (5-89)$$

式中　C_1、C_2——积分常数，小数；

A_1、A_2、B_1、B_2——与储层流体和岩性有关的经验常数，小数；

D——井网密度，口/km^2；

M——油水井数比，无量纲；

$E(I)$——水驱控制程度，小数；

$\Delta p(J)$——生产压差，MPa。

2. 井网系统模型检验和分析

1）水驱控制程度

文献[10]列出了北京石油勘探开发科学研究院统计的我国 37 个开发单元或区块的实际回归资料，本书将上述开发单元所属 5 种油田类别（如图 5-23 的系列 1 至系列 5）的水驱控制程度和井网密度资料，分别代入式（5-82）进行拟合计算（设 M 为常数），相关系数达到 $R = -1.000 \sim 0.9999$，剩余标准离差为 $S = 0.0001 \sim 0.0012$，表明式（5-82）的相关程度高，验证了式（5-82）中水驱控制程度随井网密度的增大而提高的指数关系，具有普遍的适用性（图 5-23）。若井网密度减小（注采井距增大），将导致砂体连通程度缩小，则水驱控制程度降低。分析式（5-82）可知，当 D 为定值时，随着油水井数比 M 值减小，水驱控制程度同样按指数规律增大，是注水井数增加（水驱连通厚度增大）的必然结果。

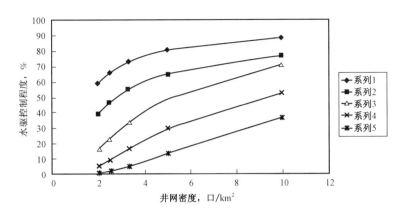

图 5 - 23　水驱控制程度与井网密度关系曲线

2）生产压差

（1）相关性检验。

采用朝阳沟油田地质参数的油藏数值模拟结果,对式(5 - 88)的相关性程度进行检验。将某区块(低渗透储油层)正方形井网的模拟模型(设计用 $M = 3,2,1$ 的注水方式),分别按注采井距为 150m、200m、250m、300m、350m、400m、450m 的 7 个方案(相应的井网密度为 44.44 口/km²、25.00 口/km²、16.00 口/km²、11.11 口/km²、8.16 口/km²、6.25 口/km²、4.94 口/km²)进行数值模拟计算。将计算结果整理后,得出在相同含水率、相同注采比情况下的生产压差与注采井网参数(即井网密度和油水井数比)的变化数据,将各含水级别的变化数据分别代入式(5 - 88)进行回归计算,其相关系数高达 -0.9926 ~ -0.9984,剩余标准离差为 0.0926 ~ 0.0058,由此检验了式(5 - 88)的拟合效果与油藏数值模拟预测结果相符合(图 5 - 24)。两者都描述了随着井网密度增加而影响生产压差减小的变化趋势,反映出渗流场中井间干扰的作用效果,表明式(5 - 88)用于油田开发预测具有实际意义。

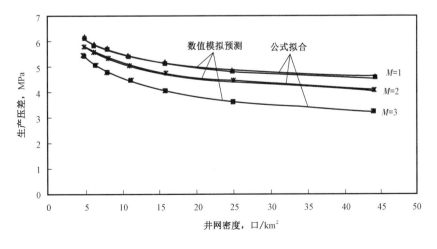

图 5 - 24　生产压差与井网密度关系曲线

（2）两点式预测符合率检验。

取数值模拟结果 $M = 3$ 的 $D_1 = 44.44$ 口/km^2、$D_2 = 4.94$ 口/km^2、$\Delta p_1(J) = 3.2MPa$、$\Delta p_2(J) = 5.4MPa$ 代入式(5 – 102)和式(5 – 103)解得：$A_2 = 10.2635, B_2 = 0.2382$。将 A_2、B_2 值代入式(5 – 88)计算，生产压差预测结果见表5 – 8，以相对误差 ±5% 为界，预测合格率达到 100%，表明用式(5 – 102)和式(5 – 103)的经验常数进行预测，具有应用的普遍性。用式(5 – 100)和式(5 – 101)求得 A_1 和 B_1 值，代入式(5 – 83)计算水驱控制程度，同样具有较高的预测合格率。

表 5 – 8　井网动态优化模型指标拟合与预测结果

注水方式	$M = 3$			$M = 1$		
井网密度 口/km^2	生产压差 MPa		相对误差 %	单井产油 t/d	生产压差 MPa	水驱控制程度 %
	数值模拟预测	公式拟合		公式预测值		
44.44	3.2	3.2	0	3.5	4.4	92.6
25.00	3.6	3.7	2.7	3.7	4.8	90.3
16.00	4.1	4.1	0	3.8	5.1	88.5
11.11	4.4	4.5	2.2	3.9	5.4	85.4
8.16	4.8	4.8	0	4.0	5.6	82.7
6.25	5.0	5.1	2.0	3.9	5.8	79.1
4.94	5.4	5.4	0	3.8	6.0	76.2

3. 井网动态优化模型

在注水开发过程中，设油井产油的有效厚度 h_0 即是与注水井连通的有效厚度。按水驱控制程度的定义得：

$$h_o = hE(I) \tag{5 – 90}$$

将式(5 – 89)代入采油指数关系式得：

$$J_o = J_n h_o = J_n hE(I) \tag{5 – 91}$$

由单井日产油量定义式得：

$$q_o = J_o \Delta p(J) \tag{5 – 92}$$

将式(5 – 91)代入式(5 – 92)得：

$$q_o = J_n hE(I)\Delta p(J) \tag{5 – 93}$$

式中　h_0——油水井连通有效厚度，m；

　　　H——油层总有效厚度，m；

　　　J_n——比采油指数，t/(MPa·m·d)；

　　　J_o——采油指数，t/(MPa·d)；

　　　q_o——单井产油量，t/d。

将式(5-83)、式(5-88)代入式(5-93)得:

$$q_o = A_1(DM)^{-B_2} e^{\frac{-B_1 \cdot M}{D}} \tag{5-94}$$

其中:

$$A_1 = J_n h A_1 A_2 \tag{5-95}$$

式(5-93)作为式(5-94)的基础式具有明确的物理意义。在含水率一定条件下,J_n和h的乘积表示采油指数为常数;$E(I)$和$\Delta p(J)$的乘积表示被修正的生产压差,即反映出地下油水井连通程度影响下的生产压差。因此,式(5-93)和式(5-92)是等效的。

由式(5-94)计算得到的产量q_o对井网密度D进行偏微分运算,求极值点得到优化井网密度D_o的计算式:

$$D_o = \frac{B_1 M}{B_2} \tag{5-96}$$

将式(5-96)代入式(5-94),得到最大单井日产油量q_{om}的计算式:

$$q_{om} = A_1 \left(\frac{M^2 B_1 e}{B_2} \right)^{-B_2} \tag{5-97}$$

将式(5-96)分别代入式(5-83)和式(5-88),得D_o值对应的水驱控制程度$E_o(I)$和生产压差$\Delta p_o(J)$的计算式:

$$E_o(I) = A_1 e^{-B_2} \tag{5-98}$$

$$\Delta p_o(J) = A_2 \left(\frac{M^2 B_1}{B_2} \right)^{-B_2} \tag{5-99}$$

式(5-96)至式(5-99)组成井网系统动态优化模型。

二、经验常数的求解方法

为了对井网产量进行优化预测和动态指标预测,需要先求出经验常数A_1、B_1、A_2、B_2和J_n。计算方法如下:

1. 两点式算法

当矿场资料较少时,应用两点式算法。在已知$M=3$(或$M=1,2$)的D_1、D_2、$E_1(I)$、$E_2(I)$、$\Delta p_1(J)$、$\Delta p_2(J)$值条件下,由式(5-83)和式(5-88)分别解得:

$$B_1 = \frac{\ln \frac{E_1(I)}{E_2(I)}}{M\left(\frac{1}{D_2} - \frac{1}{D_1} \right)} \tag{5-100}$$

$$A_1 = \left[\frac{E_1(I) E_2(I)}{e^{-B_1 M\left(\frac{1}{D_2} + \frac{1}{D_1} \right)}} \right]^{\frac{1}{2}} \tag{5-101}$$

$$B_2 = \frac{\ln \dfrac{\Delta p_1(J)}{\Delta p_2(J)}}{\ln \dfrac{D_2}{D_1}} \qquad (5-102)$$

$$A_2 = \left[\frac{\Delta p_1(J) \Delta p_2(J)}{(M^2 D_1 D_2)^{-B_2}} \right]^{\frac{1}{2}} \qquad (5-103)$$

2. 数理统计法

当矿场资料较多时,应用数理统计方法。将式(5-83)和式(5-88)两端分别取对数得到线性回归计算式:

$$\ln E(I) = G - H \times \frac{M}{D} \qquad (5-104)$$

$$\ln \Delta p(J) = E - F \ln(DM) \qquad (5-105)$$

其中: $\qquad\qquad\qquad B_1 = H \qquad\qquad\qquad (5-106)$

$$A_1 = e^G \qquad (5-107)$$

$$B_2 = F \qquad (5-108)$$

$$A_2 = e^E \qquad (5-109)$$

式中 G、H、E、F——拟合经验常数,小数。

3. 试验值法

式(5-95)中的比采油指数 J_n 值由试井资料给出,或取矿场动态数据平均值,也可以由式(5-91)求得。

三、油田综合应用实例

已知某低渗透油田在五点法注水方式下,$D_1 = 6.25$ 口/km^2,$D_2 = 25$ 口/km^2,对应值 $E_1(I) = 0.792$,$E_2(I) = 0.901$,$\Delta p_1(J) = 5.61$MPa,$\Delta p_2(J) = 5.16$MPa,$J_n = 0.055$t/(MPa·d·m),$h = 15.7$m。

求解优化井网密度及对应的最大日产油量、水驱控制程度和生产压差。

解:按题意 $M = 1$,将已知参数分别代入式(5-100)至式(5-103),算得经验常数 $A_1 = 0.9406$,$B_1 = 1.0745$,$A_2 = 7.4486$,$B_2 = 0.1365$。由式(5-83)、式(5-88)和式(5-94),解得不同井网密度对应的单井日产油量、生产压差和水驱控制程度预测值(表5-8)。

由式(5-96)、式(5-97)及式(5-95)解得优化井网密度 $D_o = 7.87$ 口/km^2,单井最大产油量 $q_{om} = 4$t/d。由式(5-98)和式(5-99)解得 D_o 对应的水驱控制程度 $E_o(I) = 82.2\%$,生产压差 $\Delta p_o(J) = 5.6$MPa。

参 考 文 献

［1］励学思,杨世刚,李宗田,等.油井生产动态分析［M］.东营:石油大学出版社,1996:22 － 48.

［2］赵世远,钟德康.对百万吨采油井的分析［J］.大庆石油地质与开发,1983(3).

［3］石油化学工业部科学技术情报研究所.油田开发分析的经验方法［J］.石油化工科技资料,1977(5):23.

［4］钟德康.注采比变化规律及矿场应用［J］.石油勘探与开发,1997,24(6):65 － 69.

［5］童宪章.压力恢复曲线在油、气田开发中的应用［M］.北京:石油化学工业出版社,1977.

［6］［美］霍纳波 M,科德里茨 L,哈维 A H.油藏相对渗透率［M］.马志元,高雅文,秦同洛,译.北京:石油工业出版社,1989.

［7］钟德康.相对渗透率相关方程式的研究与应用［J］.大庆石油地质与开发,1985,4(4):41 － 50.

［8］［美］戴姆 C L,艾维 E S.数学构模原理［M］.新华,译.北京:海洋出版社,1985.

［9］四川矿业学院数学教研组.数学手册［M］.增订本.北京:煤炭工业出版社,1975.

［10］李道品,等.低渗透砂岩油田开发［M］.北京:石油工业出版社,1997.

第六章　开发效果机理分析

油田开发预测应用效果的好和差,一般取决于数学模型选择是否合理和预测精度的高低水平。纯粹的水动力学模型虽然机理性强,但是预测精度较差。应用机理模型与统计方法结合进行建模预测,既有理论依据,又能够提高预测精度。本章介绍的机理性统计数学模型有广义产量递减规律、广义水驱特征曲线、水驱油渗流变量公式、多因素注采比曲线以及油藏数值模拟效果分析和周期注水效果分析。这些机理统计模型预测精度较高,在油田开发实践中取得了较好效果。

第一节　油田产油量 4 类递减规律机理模型

美国学者阿尔浦斯(J. J. Arps)于 1956 年提出了 3 种产油量递减类型[1],不仅得到了国际石油工作者的关注和广泛应用[2-5],而且在产油量递减参数的确定方法和理论分析方面,做了极有成效的研究[6-9]。本章深入探讨产油量递减规律的共性和差异性,建立了预测模式的简便预测方法,在产油量递减的微观渗流机理和宏观特性方面进行了研究。分析表明,储层的渗流特征指数 B 控制着产油量递减规律类型的变化,产油量的递减参数 a_0、a、n 与渗流特征指数 B 之间存在着有机的联系,因此可将预测模式建立在含有 B 值的渗流方程基础上,进而确立具有机理解释的微分方程预测通式,再进行微积分运算,解得产油量 4 类递减规律的各项预测公式。研究表明,文中在机理解释基础上创新的实用方法,能够快速判别新、老油田的递减类型,简便算得递减参数,改善了产油量递减规律和开发指标的预测精度,提高了工作效率。

一、产油量递减规律的机理方法研究

1. 产油量递减规律的渗流机理

在各种微观渗流特征关系式中,根据实验得出的经验常数是反映储油层特征的重要参数。由文献[10]对琼斯(Jones)修正式❶的实践推广得出:

$$K_{ro} = \left(\frac{1 - S_w - S_{or}}{1 - S_{wi} - S_{or}} \right)^B \qquad (6-1)$$

式中　K_{ro}——油的相对渗透率,无量纲;

　　　S_w——出口端含水饱和度,小数;

　　　S_{wi}——束缚水饱和度,小数;

　　　S_{or}——残余油饱和度,小数;

　　　B——与储层物性和流体性质有关的经验常数(或称渗流特征参数),小数。

---

❶ 引自张朝琛、陈元千和贾文瑞等编写的《油藏工程方法手册》(上册),石油部油田开发技术培训中心,1980 年,114 ~ 119 页,130 ~ 131 页。

由达西定律和分流公式导出：

$$K_{ro} = \frac{J_o}{J_{oi}} \qquad (6-2)$$

式中 J_o——采油指数，$m^3/(MPa \cdot d)$；

$\quad\quad J_{oi}$——初始采油指数，$m^3/(MPa \cdot d)$。

由定义式得：

$$S_{oi} = 1 - S_{wi} \qquad (6-3)$$

$$S_w = 1 - S_o \qquad (6-4)$$

式中 S_o——出口端含油饱和度，小数；

$\quad\quad S_{oi}$——原始含油饱和度，小数。

将式(6-2)至式(6-4)代入式(6-1)得：

$$J_o = J_{oi} \left(\frac{S_o - S_{or}}{S_{oi} - S_{or}} \right)^B \qquad (6-5)$$

设生产压差稳定，即有下式成立：

$$\frac{J_o}{J_{oi}} = \frac{q_o}{q_{oi}} \qquad (6-6)$$

式中 q_o——单井产油量，t/d；

$\quad\quad q_{oi}$——初始单井产油量，t/d。

由文献[11]给出初始产量的平面径向流算式：

$$q_{oi} = \frac{542.87 K h \gamma_o \Delta p_{oi}}{B_o \mu_o \left(\ln \dfrac{r}{r_w} + S_p \right)} \qquad (6-7)$$

式中 K——绝对渗透率，mD；

$\quad\quad h$——有效厚度，m；

$\quad\quad \gamma_o$——油的相对密度，无量纲；

$\quad\quad \Delta p_{oi}$——初始生产压差，MPa；

$\quad\quad B_o$——地层油体积系数，无量纲；

$\quad\quad \mu_o$——地层条件下油的黏度，$mPa \cdot s$；

$\quad\quad r$——径向半径，m；

$\quad\quad r_w$——井底半径，m；

$\quad\quad S_p$——表皮系数，无量纲。

将式(6-6)、式(6-7)代入式(6-5)，得到单井产油量递减变化的渗流机理模型：

$$q_o = \frac{542.87 Kh\gamma_o \Delta p_{oi}}{B_o \mu_o \left(\ln \dfrac{r}{r_w} + S_p \right)} \left(\frac{S_o - S_{or}}{S_{oi} - S_{or}} \right)^B \qquad (6-8)$$

分析式(6-8)可以看出,在各项静态和动态参数定值条件下,产油量 q_o 是含油饱和度 S_o 的单值函数,由式(6-4)和式(6-8)可知, S_o 随着 S_w 的增加而减少,产油量必然会出现递减。 B 值是影响递减规律的渗流特征指数。

2. 产油量递减规律的预测模式

根据采收率的定义,对油田的采收率可写为[6]:

$$E_R = 1 - \frac{S_{or} B_{oi}}{S_{oi} B_{oa}} \qquad (6-9)$$

式中 E_R——最终采收率,小数;

B_{oi}——原始的原油体积系数,无量纲;

B_{oa}——废弃压力下的原油体积系数,无量纲。

如果是水驱油藏,当地层压力保持不变时,由于 $B_{oi} = B_{oa}$,故由式(6-9)得[6]:

$$E_R = 1 - \frac{S_{or}}{S_{oi}} \qquad (6-10)$$

式(6-10)与由岩心水驱油试验得出最终采收率的微观计算式相同。

由出口端含水饱和度表达的采出程度 R 计算式[12]:

$$R = \frac{S_w - S_{wi}}{1 - S_{wi}} = 1 - \frac{S_o}{S_{oi}} \qquad (6-11)$$

用岩心水驱油试验过程分析可以得出式(6-11),用容积法计算可采储量的关系式,同样得到式(6-11)[13]。

将式(6-6)、式(6-10)和式(6-11)代入式(6-5),整理得到产油量递减的关系式:

$$q_o = q_{oi} \left(1 - \frac{R}{E_R} \right)^B \qquad (6-12)$$

式(6-12)即与文献[10]导出的结果相同。在油田投产井数相同条件下,有式(6-13)成立:

$$\frac{q_o}{q_{oi}} = \frac{Q_o}{Q_{oi}} = \frac{v_o}{v_{oi}} \qquad (6-13)$$

式中 Q_o——油田年产油量,$10^4 t$;

Q_{oi}——油田初始年产油量,$10^4 t$;

v_o——油田历年采油速度,小数;

v_{oi}——油田初始年采油速度,小数。

将式(6-13)代入式(6-12)得到产油量递减规律的预测模式:

$$v_o = v_{oi}\left(1 - \frac{R}{E_R}\right)^B \tag{6-14}$$

将式(6-14)两端取对数得到线性回归公式:

$$\ln v_o = \ln v_{oi} + B\ln\left(1 - \frac{R}{E_R}\right) \tag{6-15}$$

将各油田(区块)历年对应的 v_o 和 $\left(1 - \frac{R}{E_R}\right)$ 的对数值按式(6-15)线性回归,一般拟合结果是相关系数平方值大于95%,适用于中高渗透油田(如喇嘛甸油田、葡501井区)和中低渗透油田(如太平屯油田、杏十三区),如图6-1至图6-4所示。v_o 与 $\left(1 - \frac{R}{E_R}\right)$ 的对数值成正比,同时采油速度 v_o 随着历年采出程度 R 的增加而递减,各油田具有不同的特征指数 B 值,上述油田动态拟合的 B 值在0.46~2.24之间变化,表明各自的递减规律是不同的,B 值可以用简易的线性回归方法求得。通过应用式(6-14)[或式(6-15)]作为产油量递减规律的线性回归预测模式,能够推导出产油量递减规律的预测通式,并且给出机理解释。

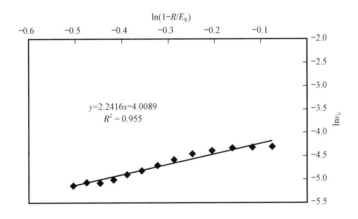

图6-1 太平屯油田产量递减预测模式图

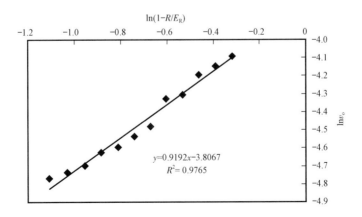

图6-2 喇嘛甸油田产量递减预测模式图

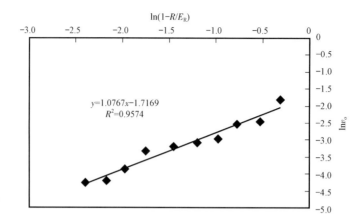

图 6 - 3　葡 501 井区产量递减预测模式图

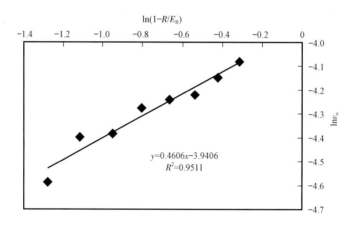

图 6 - 4　杏十三区产量递减预测模式图

3. 产油量递减规律的预测通式

由采油速度的定义式得：

$$v_o = \frac{dR}{dt} \tag{6-16}$$

将式(6-14)微分并代入式(6-14)和式(6-16)得：

$$-\frac{dv_o}{v_o dt} = \frac{Bv_{oi}}{E_R}\left(\frac{v_o}{v_{oi}}\right)^{1-\frac{1}{B}} \tag{6-17}$$

在式(6-17)中，令递减特征参数：

$$a = -\frac{dv_o}{v_o dt} \tag{6-18}$$

$$a_o = \frac{Bv_{oi}}{E_R} \tag{6-19}$$

$$\frac{1}{n} = 1 - \frac{1}{B} \tag{6-20}$$

式中 a_o——产油量初始递减率,a^{-1};

$\quad a$——产油量历年递减率,a^{-1};

$\quad n$——产油量递减指数,小数。

将式(6-13)以及式(6-18)至式(6-20)代入式(6-17),得到产油量递减规律的预测通式:

$$a = a_o \left(\frac{Q_o}{Q_{oi}} \right)^{\frac{1}{n}} \qquad (6-21)$$

式(6-21)与阿尔浦斯的三大递减规律的预测通式[9]相同,而式(6-18)至式(6-20)则给出了递减特征参数 a、a_o、n 的机理解释。因此,式(6-17)是具有机理解释的预测通式。

4. 产油量递减规律的类型判别

判别产油量递减规律的类型,关键是要确定出渗流特征指数 B 值[据式(6-20)可知,相当于求得递减指数 n]。对于新油田,受较少的开发数据所限,不能够用式(6-15)回归计算 B 值,可采用大致判断的方法确定 B 值。根据一批老油田的回归计算结果,同时依据文献[10]的研究成果,不同岩性的油层具有不同的 B 值,大致确定其范围参考值如下:

(1)天然裂缝的低渗透砂岩层(含人工压裂砂岩层),$B = 0.5$;

(2)分选程度好的非胶结砂岩(含中高渗透砂岩层),$B = 0.6 \sim 1.0$;

(3)分选程度差的非胶结砂岩(含中高渗透砂岩层),$B = 1.1 \sim 2.0$;

(4)胶结性砂岩(含中低渗透砂岩层),$B = 2.1 \sim 2.5$;

(5)胶结性砂岩、鲕状灰岩和孔穴灰岩(含低、特低渗透砂岩层),$B > 2.5$。

对于老油田,由于有多年的开发数据,即可采用式(6-15)回归计算 B 值。

根据所选定的 B 值,代入式(6-17)能够确定产量递减的所属类型:在 $B = 0.5$ 的条件下,产量属于直线递减类型;在 $B = 1$ 的条件下,产量属于指数递减类型;在 $1 < B < \infty$ 的条件下,产量属于双曲线递减类型;在 $B = \infty$ 的条件下,产量属于调和递减类型。

图6-5为在直角坐标系上设初始递减率 a_0 值相同条件下的各类产油量递减规律曲线图,借此可以了解各类产油量递减的曲线形态及一般变化规律。对于不同油田,油田递减特征参数的差异会导致曲线形态的差别,其中 B、v_{oi}、E_R 值起着主导作用。

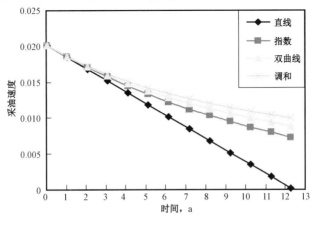

图6-5 各类型产油量递减规律曲线

二、产油量递减规律的预测变化曲线

1. 双曲线递减规律曲线

1）历年产油量递减的预测式

由式(6-20)在 $1 < B < \infty$ 的条件下，$n = \dfrac{B}{B-1}$，则式(6-17)是产油量递减的预测通式，可作为产油量双曲线递减的微分方程。将式(6-17)分离变量积分：

$$-\int_{v_{oi}}^{v_o} \frac{\mathrm{d}v_o}{v_o^{2-\frac{1}{B}}} = \frac{B v_{oi}^{\frac{1}{B}}}{E_R} \int_0^t \mathrm{d}t \qquad (6-22)$$

由式(6-22)解得年采油速度（年产油量）双曲线递减的预测式：

$$v_o = \frac{v_{oi}}{\left[1 + \dfrac{(B-1)v_{oi}}{E_R} t\right]^{\frac{B}{B-1}}} \qquad (6-23)$$

将式(6-16)代入式(6-23)分离变量积分，得到递减期采出程度（累计产油量）与开发时间关系式：

$$R = E_R \left\{ 1 - \left[1 + \frac{(B-1)v_{oi}}{E_R} t\right]^{\frac{1}{1-B}} \right\} + v_{oi} \qquad (6-24)$$

2）产油量递减的参数预测式

（1）初始递减率 a_o 和历年递减率 a。

由式(6-17)和式(6-19)定义双曲线递减的初始递减率预测式：

$$a_o = \frac{B v_{oi}}{E_R} \qquad (6-25)$$

将式(6-18)、式(6-23)代入式(6-17)，得到双曲线递减的历年递减率预测式：

$$a = \frac{1}{\dfrac{E_R}{B v_{oi}} + \left(1 - \dfrac{1}{B}\right)t} \qquad (6-26)$$

式中　t——产油量递减阶段某时刻的时间，a。

（2）递减期的时间 t_n 和对应的产油量。

设产油量递减第 t_n 年采出程度与最终采收率的比值为 x，则有式(6-27)成立：

$$x = \frac{R_n}{E_R} \qquad (6-27)$$

由式(6-27)得到递减阶段比值 x 对应的第 t_n 年采出程度 R_n 的预测式：

$$R_{\mathrm{n}} = x E_{\mathrm{R}} \tag{6-28}$$

将式(6-27)代入式(6-14)得到递减阶段比值 x 对应的第 t_{n} 年采油速度 v_{n}(年产油量)预测式：

$$v_{\mathrm{n}} = v_{\mathrm{oi}}(1-x)^{B} \tag{6-29}$$

将式(6-29)式代入式(6-23)，得到比值 x 对应的第 t_{n} 年时间 t_{n} 的预测式：

$$t_{\mathrm{n}} = \frac{E_{\mathrm{R}}}{(B-1)v_{\mathrm{oi}}}\left[\,(1-x)^{1-B} - 1\,\right] \tag{6-30}$$

设定采出程度与最终采收率的比为 x，即可以由式(6-30)预测对应的时间年限。已知比值 x，由式(6-29)和式(6-28)分别求得对应的采油速度和采出程度。

2. 指数递减规律曲线

1)历年产油量递减的预测式

由式(6-20)在 $B=1$ 的条件下，$n=\infty$，则由式(6-17)得到产油量指数递减的微分方程：

$$-\frac{\mathrm{d}v_{\mathrm{o}}}{v_{\mathrm{o}}\mathrm{d}t} = \frac{v_{\mathrm{oi}}}{E_{\mathrm{R}}} \tag{6-31}$$

将式(6-31)分离变量积分：

$$-\int_{v_{\mathrm{oi}}}^{v_{\mathrm{o}}}\frac{\mathrm{d}v_{\mathrm{o}}}{v_{\mathrm{o}}} = \frac{v_{\mathrm{oi}}}{E_{\mathrm{R}}}\int_{0}^{t}\mathrm{d}t \tag{6-32}$$

由式(6-32)解得年采油速度(年产油量)指数递减的预测式：

$$v_{\mathrm{o}} = v_{\mathrm{oi}}\mathrm{e}^{-\frac{v_{\mathrm{oi}}}{E_{\mathrm{R}}}t} \tag{6-33}$$

将式(6-16)代入式(6-33)分离变量积分，得到递减期采出程度(累计产油量)与开发时间关系式：

$$R = E_{\mathrm{R}}\left(1 - \mathrm{e}^{-\frac{v_{\mathrm{oi}}}{E_{\mathrm{R}}}t}\right) + v_{\mathrm{oi}} \tag{6-34}$$

2)产油量递减的参数预测式

(1)初始递减率 a_{o} 和历年递减率 a。

当 $B=1$ 时为产油量指数递减规律曲线，根据式(6-17)、式(6-31)得到指数递减的初始递减率和历年递减率相等的预测式：

$$a = a_{\mathrm{o}} = \frac{v_{\mathrm{oi}}}{E_{\mathrm{R}}} \tag{6-35}$$

(2)递减期的时间 t_{n} 和对应的产油量。

设产油量递减第 t_{n} 年采出可采储量的比值为 x，对应采出程度由式(6-28)算得。由式(6-29)令 $B=1$，得比值 x 对应的第 t_{n} 年采油速度(年产油量)预测式：

$$v_n = v_{oi}(1 - x) \tag{6-36}$$

由式(6-36)代入式(6-33)得到比值 x 对应的第 t_n 年时间预测式：

$$t_n = \frac{E_R}{v_{oi}}\ln\left(\frac{1}{1-x}\right) \tag{6-37}$$

3. 调和递减规律曲线

1）历年产油量递减的预测式

由式(6-20)在 $B = \infty$ 的条件下，$n = 1$，则由式(6-17)得到产量调和递减的微分方程：

$$-\frac{dv_o}{v_o dt} = \frac{Bv_{oi}}{E_R}\left(\frac{v_o}{v_{oi}}\right) \tag{6-38}$$

将式(6-38)分离变量积分：

$$-\int_{v_{oi}}^{v_o}\frac{dv_o}{v_o{}^2} = \frac{B}{E_R}\int_0^t dt \tag{6-39}$$

由式(6-39)解得年采油速度（年产油量）的调和递减预测式：

$$v_o = \frac{v_{oi}}{1 + \dfrac{Bv_{oi}}{E_R}t} \tag{6-40}$$

将式(6-16)代入式(6-40)分离变量积分，得到递减期采出程度（累计产油量）与开发时间关系式：

$$R = \frac{E_R}{B}\ln\left(1 + \frac{Bv_{oi}}{E_R}t\right) + v_{oi} \tag{6-41}$$

2）产油量递减的参数预测式

（1）初始递减率 a_o 和历年递减率 a。

由式(6-17)、式(6-38)得到调和递减的初始递减率预测式：

$$a_o = \frac{Bv_{oi}}{E_R} \tag{6-42}$$

将式(6-18)、式(6-40)代入式(6-38)，得到调和递减的历年递减率预测式：

$$a = \frac{1}{\dfrac{E_R}{Bv_{oi}} + t} \tag{6-43}$$

（2）递减期的时间 t_n 和对应的产油量。

设产油量递减第 t_n 年采出可采储量的比值为 x，对应采出程度由式(6-28)算得。根据实际情况和参考文献[14]，渗流特征指数 B 不可能无限增大，因此阶段比值 x 对应的第 t_n 年采油速度（年产油量）预测式与式(6-29)相同。

将式(6-29)代入式(6-40)得到比值为 x 的第 t_n 年时间预测式:

$$t_n = \frac{E_R}{Bv_{oi}}\left[\frac{1}{(1-x)^B} - 1\right] \qquad (6-44)$$

4. 直线递减规律曲线

1)历年产油量递减的预测式

由式(6-20)在 $B = 0.5$ 的条件下,$n = -1$,则由式(6-17)得到产油量直线递减的微分方程:

$$-\frac{\mathrm{d}v_o}{\mathrm{d}t} = \frac{v_{oi}^2}{2E_R} \qquad (6-45)$$

将式(6-45)分离变量积分:

$$-\int_{v_{oi}}^{v_o}\mathrm{d}v_o = \frac{v_{oi}^2}{2E_R}\int_0^t\mathrm{d}t \qquad (6-46)$$

由式(6-46)解得年采油速度(年产油量)直线递减的预测式:

$$v_o = v_{oi} - \frac{v_{oi}^2}{2E_R}t \qquad (6-47)$$

将式(6-16)代入式(6-47)分离变量积分,得到递减期采出程度(累计产油量)与开发时间关系式:

$$R = v_{oi} - \frac{E_R}{v_{oi}^2}\left(v_{oi} - \frac{v_{oi}^2}{2E_R}t\right)^2 \qquad (6-48)$$

2)产油量递减的参数预测式

(1)初始递减率 a_o 和历年递减率 a。

当 $B = 0.5$ 时为产量直线递减,根据式(6-17)、式(6-45)得到直线递减的初始递减率预测式:

$$a_o = \frac{v_{oi}}{2E_R} \qquad (6-49)$$

将式(6-18)、式(6-47)代入式(6-45),得到直线递减的历年递减率预测式:

$$a = \frac{1}{\dfrac{2E_R}{v_{oi}} - t} \qquad (6-50)$$

(2)递减期的时间 t_n 和对应的产油量。

设产油量递减第 t_n 年采出可采储量的比值为 x,对应采出程度由式(6-28)算得。由式(6-29)令 $B = 0.5$,得比值 x 对应的第 t_n 年采油速度(年产油量)预测式:

$$v_n = v_{oi}(1-x)^{0.5} \qquad (6-51)$$

由式(6-51)代入式(6-47)得到比值 x 对应的第 t_n 年时间预测式:

$$t_n = \frac{2E_R}{v_{oi}}\left[1 - (1-x)^{0.5}\right] \qquad (6-52)$$

三、油田产油量递减的预测效果分析

油田产油量递减规律多数为双曲线类型,现以太平屯油田为例,分别对产油量的递减类型判别、递减参数测算、递减预测精度进行分析。同时对杏十三区的产油量直线递减规律进行分析。

1. 太平屯油田递减类型判别

太平屯油田的储层为中低渗透砂岩,属于开采 10 年以上的老油田,产油量递减阶段可以采用式(6-15)回归计算 B 值。线性回归结果如图 6-1 所示,相关系数平方值 $R^2 = 0.955$,渗流特征参数 $B = 2.2416$。根据 B 值范围确定,属于双曲线产量递减类型。

2. 太平屯油田递减参数测算

已知投产初期的采油速度 $v_o = 0.0135$,最终采收率 $E_R = 0.3413$(老油田通过水驱特征曲线求出 E_R 值,新油田可用含地质参数的经验公式求得 E_R 值),连同 B 值代入式(6-25),算得初始递减率 $a_o = 0.0887$;在式(6-26)中代入 B、v_o、E_R 值算得 12 年递减率 a 值的范围为 $0.0845 \sim 0.0558$。在式(6-30)中代入 $t_n = 50$ 年,解得采出可采储量的比值为 $x = 0.6316$。

由式(6-25)和式(6-26)看到,a_o、a 值与 B、v_o、E_R 值密切相关,决定了产油量递减的双曲线变化规律,影响到油田的开发效果。

3. 太平屯油田递减预测精度

应用式(6-23)和式(6-24),分别对太平屯油田的采油速度和采出程度进行预测,将预测曲线和实际曲线绘制于图 6-6 中。计算对比 13 组数据点,采油速度的平均相对误差为 4.85%,采出程度的平均相对误差为 3.91%。分析表明,预测值与实际值的符合程度好,达到油藏工程应用要求。

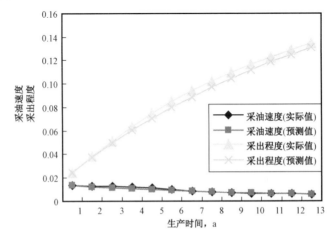

图 6-6　太平屯油田产量递减曲线图

4. 杏十三区产油量直线递减规律分析

杏十三区 F 区差油层的产量递减采用式（6 - 15）进行线性回归计算，由图 6 - 4 可知，相关系数平方值 $R^2 = 0.9511$，渗流特征参数 $B = 0.4606$。根据 B 值范围确定，属于产量直线递减类型。将递减期的实测采油速度值代入式（6 - 47）直线式回归，得相关系数平方值 $R^2 = 0.9606$，预测值和实际值符合程度好（图 6 - 7）。

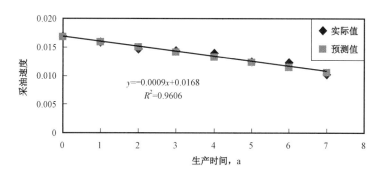

图 6 - 7　杏十三区产量直线递减图

第二节　多次幂指数型广义水驱特征曲线机理模型

分析水驱特征曲线的凸形、S 形、凹形等形态变化[5,15]，其数学表达式为多次幂指数函数及指数函数等[4,16]。苏联学者 М. И. Максимов 根据实验统计资料，于 1959 年首次建立了指数型水驱特征曲线[17]（转引自文献[18]），即甲型水驱特征曲线[19]，在半个世纪以来得到了广泛应用。但是用以描述 S 形曲线为主的甲型（或乙型）水驱特征曲线，既不能较准确地预测高黏度和低黏度油田（即凸形和凹形曲线所属油田）的动态变化，也不能够应用中低含水期的资料预测高含水期的油田动态。文献[15]经过对 t 模型[20]多次幂指数特性的对比分析和实际资料验证，于 1990 年首先提出了多次幂指数型二类广义水驱特征曲线[见式（6 - 77）]，得到了文献[21 - 25]等的关注和支持。

因为式（6 - 77）的二类广义水驱特征曲线特有的不同曲线形态，不仅"克服了传统的水驱曲线不能适用于高黏、特低黏原油的砂岩或其他非砂岩（如碳酸盐岩裂缝性）水驱油田的不足，并能使见水早期的资料得到拟合。"[23]而且利用水驱油田开发前期或初期的动态资料，就能够定量预测开发全过程的油水动态变化规律，预测评价可采储量、水驱油效果和增产效果。改变了以前水驱特征曲线只能够在油田高含水期用直线段预测后期累计产油量（或采出程度）变化的局限性。同时达到了经验常数容易计算的目的，快速判别曲线形态，提高各含水阶段的预测精度，从而显著地提高了工作效率。

为了拓展式（6 - 77）的成果，下面从多次幂指数型广义水驱特征曲线的公式推导、特性规律和应用效果 3 个方面系统地进行说明。

一、多次幂指数型广义水驱特征曲线的公式推导

1. 微分方程式的渗流机理分析与公式推导

根据油流和水流的达西定律,文献[26]首先导出了忽略毛细管压力、重力和弹性影响的水驱油分流量方程式,在水驱稳定渗流条件下,通过地面水油比的换算,分流量方程式能够改写成式[10,27]:

$$\frac{K_{rw}}{K_{ro}} = WOR \times \frac{\mu_w B_w \gamma_o}{\mu_o B_o \gamma_w} \qquad (6-53)$$

式中 K_{rw}——水的相对渗透率,无量纲;

        K_{ro}——油的相对渗透率,无量纲;

        WOR——地面水油比,无量纲;

        μ_o、μ_w——地层油、水的黏度,mPa·s;

        B_o、B_w——地层油、水的体积系数,无量纲;

        γ_o、γ_w——油、水的相对密度,无量纲。

将油水两相的相对渗透率经验公式[对琼斯(Jones)的修正式❶推广得到的经验算式[10]为:

$$K_{rw} = \left(\frac{S_w - S_{wi}}{1 - S_{wi}}\right)^m = R^m \qquad (6-54)$$

$$K_{ro} = \left(\frac{1 - S_w - S_{or}}{1 - S_{wi} - S_{or}}\right)^n = \left(1 - \frac{R}{E_R}\right)^n \qquad (6-55)$$

式中 S_w——岩心水驱油含水饱和度,小数;

        S_{wi}——岩心的束缚水饱和度,小数;

        S_{or}——岩心的残余油饱和度,小数;

        R——采出程度,小数;

        E_R——最终采收率,小数;

        m、n——与储层岩性和流体性质相关的经验常数。

由式(6-54)除以式(6-55)得[10]:

$$\frac{K_{rw}}{K_{ro}} = \frac{R^m}{\left(1 - \frac{R}{E_R}\right)^n} \qquad (6-56)$$

显然,由式(6-54)可知,左右两端同是含水饱和度的函数,经分析应用得到矿场经验统计式:

$$K_{rw} = hR^{m'} \qquad (6-57)$$

---

   ❶ 引自张朝琛、陈元千、贾文瑞等编写的《油藏工程方法手册》(上册),石油部油田开发技术培训中心,1980年,130~131页。

式中 m'、h——与储层岩性和流体性质相关的经验常数。

式(6-57)的双对数线性回归公式为:

$$\ln K_{rw} = \ln h + m' \ln R \qquad (6-58)$$

为了证实式(6-57)成立,采用大庆油田的偏亲油岩心(北2-5-122井的萨SⅡ油层)和偏亲水岩心(南6-4-28井的萨SⅡ油层),分别作出室内水驱油试验的相对渗透率曲线❶,同时列出这两组油水相对渗透率曲线相应油区(北一、北二排西部和南二、南三区面积井)的采出程度实测数据❷,分别代入式(6-57)的回归公式(6-58)进行拟合运算,相关系数都高达0.99。采用偏亲油岩心的18个K_{rw}样本值与偏亲水岩心的16个K_{rw}样本值,预测R值与实测R值的平均绝对误差分别为0.0002和0.0021,平均相对误差分别为0.0016和0.0187,表明式(6-57)作为经验统计式有较高的确定性和矿场实用性(因篇幅所限,未列出详细数据图表)。同时看到,式(6-54)中的右端S_w和R的关系式在文献[12]中有应用,并能用压力稳定条件下的岩心水驱油模拟实验过程的算式得出。若用容积法储量公式推导与应用式(6-54)右端的关系式,在文献[13]中有报道。式(6-54)中左端等式的各项参变量,可以用油层岩心水驱油试验的相关经验公式算得,已应用于[28,29]等文献。通过计算检验,表明式(6-54)与式(6-57)作为经验统计的等效方程,符合油藏工程实用的误差精度要求。

将式(6-53)代入式(6-56),再代入式(6-55)得:

$$K_{ro} = j \times \frac{R^m}{\text{WOR}} \qquad (6-59)$$

其中:

$$j = \frac{\mu_o B_o \gamma_w}{\mu_w B_w \gamma_o} \qquad (6-60)$$

由甲型水驱曲线[19](如表6-1指数型的一类水驱特征曲线公式)通过微分计算解得瞬时水油比的计算公式为[4]:

表6-1 多次幂指数型(包含各型)一类、二类广义水驱特征曲线的特性表

函数类型	水驱特征指数		一类、二类数学表达式	二类基本曲线形态
	n 值	F 值 C 值		
多次幂指数型	$-1 \leqslant n \leqslant 2$	$0 \leqslant F \leqslant 3$ $0 \leqslant C \leqslant 3$	$\ln \text{WOR} = D + ER^F$ $\ln W_p = A + BN_p^C$	凸形、S形、凹形
幂函数型	$n = -1$	$F = 0$ $C = 0$	$\ln \text{WOR} = M' + N' \ln R$ $\ln W_p = M + N \ln N_p$	边界凸形

---

❶ 引自刘桂芳、燕坤景和宫文超编写的《大庆油田不同油层油水相对渗透率曲线测定分析报告》,大庆石油管理局科学研究设计院,1982年:15~16页,20页。

❷ 引自张宝胜、常洪军和张永武编写的《大庆油田开发规划研究资料手册》(第一册),大庆石油管理局勘探开发研究院,1990年,186~191页,326~329页,574~578页。

函数类型	水驱特征指数		一类、二类数学表达式	二类基本曲线形态
	n 值	F 值 C 值		
指数型	$n = 0$	$F = 1$ $C = 1$	$\ln WOR = S' + T'R$ $\ln W_p = S + TN_p$	中部 S 形
幂指方型	$n = 2$	$F = 3$ $C = 3$	$\ln WOR = X' + Y'R^3$ $\ln W_p = X + YN_p^3$	边界凹形

$$WOR = TW_p \qquad\qquad (6-61)$$

式中　W_p——累计产水量，$10^4 \mathrm{m}^3$；

　　　T——与储层岩性和流体性质相关的经验常数。

将表 6-2 中实测的 12 组含水率（算出水油比）和累计产水量数据代入式（6-61）两端的双对数式进行线性回归运算，相关系数高达 0.9994。当截距为 0、斜率 T 值为 0.0045 时，式（6-61）的相关系数达到 0.98。通过检验和应用表明，式（6-61）作为水驱曲线系统推导过程的单元公式是行之有效的。

表 6-2　太平屯油田一类、二类多次幂指数型水驱特征曲线的综合数据及预测效果表

时间序列 a	含水率 （实际）	采出程度		采出程度 相对误差	累计产油，10^4t		累计产油 相对误差	累计产水，$10^4 \mathrm{m}^3$		累计产水 相对误差
		实际	预测		实际	预测		实际	预测	
1	0.0527	0.0112	0.0109	0.0275	59.13	54.78	0.0794	3.29	3.64	-0.0961
2	0.1122	0.0247	0.0224	0.1026	130.43	127.14	0.0258	12.3	12.88	-0.0450
3	0.2272	0.038	0.0402	-0.0547	200.72	208.60	-0.0377	32.97	30.33	0.0870
4	0.3189	0.0511	0.0529	-0.0340	269.76	280.86	-0.0395	65.29	59.25	0.1019
5	0.4069	0.0635	0.0651	-0.0245	335.31	345.84	-0.0304	110.26	101.73	0.0838
6	0.5001	0.0751	0.0788	-0.0469	396.5	407.47	-0.0269	171.48	159.02	0.0783
7	0.5425	0.0854	0.0855	-0.0011	450.85	456.08	-0.0114	235.93	228.20	0.0338
8	0.5905	0.0944	0.0937	0.0074	498.48	497.55	0.0018	304.62	306.30	-0.0054
9	0.6296	0.1025	0.1009	0.0158	541.45	534.23	0.0135	377.65	393.51	-0.0403
10	0.6695	0.1099	0.1090	0.0082	580.6	568.16	0.0218	456.94	489.09	-0.0657
11	0.6838	0.1166	0.1122	0.0392	616.01	596.74	0.0322	533.53	590.70	-0.0967
12	0.98	0.3413	0.3344	0.0206	1802.4	1765.96	0.0206	40628.4	36881.6	0.1016

将式（6-57）和式（6-61）代入式（6-53）得：

$$K_{ro} = \frac{hR^{m'}j}{TW_p} \qquad\qquad (6-62)$$

将式（6-62）代入式（6-59）得：

$$\frac{hR^{m'}}{TW_{\mathrm{p}}} = \frac{R^m}{\mathrm{WOR}} \qquad (6-63)$$

设中间变量值为:

$$R^n = R^{m-m'} \qquad (6-64)$$

由水油比的定义式得:

$$\mathrm{WOR} = \frac{\dfrac{\mathrm{d}W_{\mathrm{p}}}{\mathrm{d}t}}{\dfrac{\mathrm{d}N_{\mathrm{p}}}{\mathrm{d}t}} = \frac{\mathrm{d}W_{\mathrm{p}}}{\mathrm{d}N_{\mathrm{p}}} \qquad (6-65)$$

由采出程度的定义式得:

$$R = \frac{N_{\mathrm{p}}}{N} \qquad (6-66)$$

式中 N_{p}——累计产油量,$10^4\mathrm{t}$;

N——原始原油地质储量,$10^4\mathrm{t}$。

将式(6-64)至式(6-66)代入式(6-63),解得一类广义水驱特征曲线的常微分方程式:

$$\frac{\mathrm{d}W_{\mathrm{p}}}{W_{\mathrm{p}}\mathrm{d}N_{\mathrm{p}}} = PN_{\mathrm{p}}^n \qquad (6-67)$$

其中:

$$P = \frac{T}{hN^n} \qquad (6-68)$$

将式(6-61)和式(6-66)分别微分得:

$$\mathrm{d(WOR)} = T\mathrm{d}W_{\mathrm{p}} \qquad (6-69)$$

$$\mathrm{d}R = \frac{1}{N}\mathrm{d}N_{\mathrm{p}} \qquad (6-70)$$

分别将式(6-61)、式(6-66)、式(6-68)和式(6-70)代入式(6-67),解得二类广义水驱特征曲线的常微分方程式:

$$\frac{\mathrm{d(WOR)}}{\mathrm{WOR}\mathrm{d}R} = QR^n \qquad (6-71)$$

其中:

$$Q = \frac{TN}{h} \qquad (6-72)$$

若将式(6-61)、式(6-68)、式(6-69)、式(6-70)和式(6-72)代入式(6-71),又能解得一类广义水驱特征曲线的常微分方程式[式(6-67)]。

综上所述,一类和二类的广义水驱特征曲线的常微分方程式建立和互换成立。

2. 两类广义水驱特征曲线积分解及互换性

一类水驱特征曲线的预测通式由式(6－67)积分得出:

$$\ln W_p = A + BN_p^C \tag{6-73}$$

其中:

$$A = \ln W_{p1} - BN_{p1}^C \tag{6-74}$$

$$B = \frac{P}{n+1} \tag{6-75}$$

$$C = n+1 \tag{6-76}$$

式中　W_{p1}——初始累计产水量,$10^4 \mathrm{m}^3$;

　　　N_{p1}——初始累计产油量,$10^4 \mathrm{t}$;

　　　A、B、C——水驱特征参数(经验常数),小数。

二类水驱特征曲线的预测通式由式(6－71)积分得出:

$$\ln \mathrm{WOR} = D + ER^F \tag{6-77}$$

其中:

$$D = \ln \mathrm{WOR}_1 - ER_1^F \tag{6-78}$$

式中　R_1——初始采出程度,小数;

　　　WOR_1——初始水油比,无量纲;

　　　D、E、F——水驱特征参数(经验常数),小数。

$$E = \frac{Q}{n+1} \tag{6-79}$$

$$F = n+1 \tag{6-80}$$

通过联解式(6－68)、式(6－72)、式(6－75)、式(6－79)和式(6－76),得到常数关系式为:

$$E = BN^C \tag{6-81}$$

由式(6－76)和式(6－80)得到:

$$F = C \tag{6-82}$$

联解式(6－74)、式(6－78)、式(6－82)和式(6－61)得到:

$$D = \ln\left(\frac{\mathrm{WOR}_1}{W_{p1}}\right) + A = \ln T + A \tag{6-83}$$

将式(6－61)、式(6－65)、式(6－81)至式(6－83)代入一类广义水驱特征曲线公式〔式

（6－73）］，即得到二类广义水驱特征曲线公式［式（6－77）］。

公式互换和常数互换都表明，一类、二类广义水驱特征曲线通过公式推导互换成立。

应用表6－2中的12对实测数据点，分别代入式（6－73）和式（6－77）拟合预测各年的累计产油量，两组预测的各对应点数据值相当吻合，平均相对误差只有0.0061，这两组预测值与实际值的平均相对误差分别为0.0063和0.0003，这就用矿场数据验证了一类、二类广义水驱特征曲线公式之间是互换相通的，预测精度都很高。一类、二类水驱特征指数 C 和 F 值的相等，又进一步简化了经验常数的计算预测工作量。

二、多次幂指数型广义水驱特征曲线的特性规律

1. 水驱特征指数定义域和函数类型

文献［25］曾经对式（6－77）进行研究，结合相关文献的研究过程，统计了国内外233个综合含水率达到80%以上的实际油藏数据，得到二类水驱特征指数 F 与油水黏度比 $M_n = \dfrac{\mu_o}{\mu_w}$ 为幂函数关系式，相关系数高达98.8%，其预测表达式为[25]：

$$F = 1.5776\left(\frac{\mu_o}{\mu_w}\right)^{-0.3165} \tag{6－84}$$

据此关系式计算结果表明，将油田能够应用的油水黏度比 M_n 在0.1～6000范围内取值，对应的 F 值变化范围是3.27～0.1；因此将 $F = 0.1$ 作为广义水驱凸形曲线的极限值（这时算得油水黏度比在最高值6097.3），$F = 3$ 作为广义水驱凹形曲线的极限值（这时算得油水黏度比在最低值0.13）。因此，在式（6－77）中，将二类广义水驱特征指数 F 的定义域设为 $0 \leqslant F \leqslant 3$ 是合理的［相对于统计式（6－84）而言］，已被油田开发实践资料所证实。从式（6－80）得知，微分式（6－71）和积分式（6－77）的水驱特征指数差值为1，因此式（6－77）对应于式（6－71）的二类水驱特征指数 n 的定义域为 $-1 \leqslant n \leqslant 2$（表6－1）。同样计算分析表明，一类广义水驱特征指数 C 和 n 的定义域分别为 $0 \leqslant C \leqslant 3$ 和 $-1 \leqslant n \leqslant 2$（表6－1）。

在微分式（6－71）中，若改变采出程度 R 的特征指数 n，然后分离变量积分运算，就能够得到多次幂指数函数型的凸形、S形、凹形的二类水驱特征曲线（表6－1、图6－8）。而幂函数型、指数型和幂指方型的水驱特征曲线是多次幂指数型水驱特征曲线的特例，当 $n = -1$ 时式（6－71）积分得幂函数型表达式，这时 F（或 C）$= 0$（表6－1），曲线形态为图6－8所示的边界凸形；当 $n = 0$ 时积分得指数型表达式（表6－1），曲线形态为图6－8所示的中部S形（同时注意到，在 $n = 0$ 或 $C = 1$ 和 $F = 1$ 时，由式（6－73）和式（7－77）即得文献［19］中原命名的甲、乙型水驱特征曲线）；当 $n = 2$ 时积分得幂指方型表达式，这时 F（或 C）$= 3$（表6－1），曲线形态主要为图6－8所示的边界凹形。当 $0 < F < 1$ 时，曲线由S形过渡到凸形；当 $1 < F < 3$ 时，曲线由S形过渡到凹形，表明用 F 值能有效判别曲线形态和函数类型（表6－1、图6－8）。

图6－8是含水率与无量纲采出程度关系曲线簇，即是油田开发多次幂指数通用型的二类广义水驱特征曲线的变化全图，又称为含水率上升模式曲线。图6－8应用简洁的式（6－77）及式（6－84），揭示出随着油水黏度比 M_n 的依次增加，水驱特征指数 F 相应减小，制约了曲线形态按凹形、S形、凸形顺序变化的渗流机理，影响了对应的水驱油效果，使其由好变差。正如

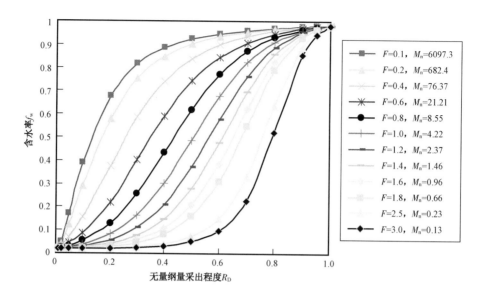

图6-8 二类广义水驱特征曲线变化全图

文献[30]所指出的:"不管岩石的润湿性如何,较高的原油黏度必然导致驱油效率低,也就是说在任何油水比情况下,采收率都较低。"

2. 预测通式的含水上升率曲线规律

由式(6-77)得到边界值的表达式:

$$\ln WOR_1 = D + ER_1^F \tag{6-85}$$

$$\ln WOR_e = D + EE_R^F \tag{6-86}$$

式中 WOR_e——极限水油比,无量纲。

将式(6-77)微分得到广义水驱特征曲线的含水上升率曲线表达式:

$$\frac{\mathrm{d}f_w}{\mathrm{d}R} = EFR^{F-1}f_w(1-f_w) \tag{6-87}$$

式中 f_w——含水率,小数;

  $\dfrac{\mathrm{d}f_w}{\mathrm{d}R}$——含水上升率,小数。

将式(6-77)代入式(6-87),得到广义水驱特征曲线的含水上升率预测式:

$$\frac{\mathrm{d}f_w}{\mathrm{d}R} = EF\left(\frac{\ln WOR - D}{E}\right)^{1-\frac{1}{F}}f_w(1-f_w) \tag{6-88}$$

进行机理分析,F值可参考式(6-84)得出,式中的经验常数E、D通过联解式(6-85)和式(6-86)得到:

$$E = \frac{\ln\dfrac{WOR_e}{WOR_1}}{E_R^F - R_1^F} \tag{6-89}$$

$$D = \frac{1}{2} \left[\ln(\text{WOR}_{e} \cdot \text{WOR}_{1}) - E(E_{R}^{F} + R_{1}^{F}) \right] \tag{6-90}$$

由式(6-88)结合式(6-84)、式(6-89)和式(6-90)运算,在边界值一定和不同油水黏度比条件下,计算绘制出不同的含水上升率与含水率的相关变化曲线图(图6-9),其理论曲线变化规律大致分为两组,特高和高油水黏度比($M_{n} = 76.4 \sim 6097.3$)为甲组(1~3 条曲线),中低油水黏度比($M_{n} = 0.1 \sim 21.2$)为乙组(4~12 条曲线)。由图6-9可见,在初期相同含水率条件下,甲组的含水上升率明显高于乙组的含水上升率。而且,甲组提前在含水率为20%~30%时达到含水上升率的最大值,乙组滞后在含水率为40%~60%时达到含水上升率的最大值。用图6-11中的10个国内外各类型油田(井区)(不包括严重水淹层和事故井)实测资料绘制的含水上升率曲线形态图(未列出),高油水黏度比和中低油水黏度比的两组油田的最大含水上升率出现时机与图6-9很接近,同样具有在含水率20%~60%范围变化的相似规律。因为含水上升率最大值范围及曲线形态变化主要受到各油田油水黏度比的制约,还受到储层孔隙结构特征、非均质性和油气水分布的影响,产生的饱和度变化历程不同,所以各油田的相对渗透率曲线及含水上升率最大值及变化范围值显然是不同的。

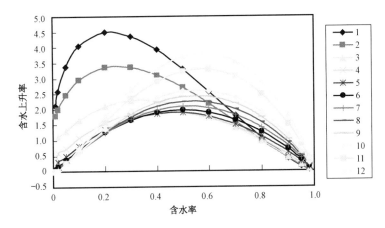

图6-9 含水上升率曲线与油黏度比关系图

1—$M_{n} = 6097.3$;2—$M_{n} = 682.4$;3—$M_{n} = 76.36$;4—$M_{n} = 21.21$;5—$M_{n} = 8.55$;6—$M_{n} = 4.22$;
7—$M_{n} = 2.37$;8—$M_{n} = 1.46$;9—$M_{n} = 0.96$;10—$M_{n} = 0.66$;11—$M_{n} = 0.23$;12—$M_{n} = 0.13$

根据岩心水驱油实验的统计得到关系式[4,28,31]:

$$\frac{K_{ro}}{K_{rw}} = a e^{-b S_{w}} \tag{6-91}$$

式中 a、b——与储层岩性和流体性质相关的经验常数。

将式(6-91)代入式(6-53)得到:

$$\text{WOR} = \frac{\mu_{o}}{\mu_{w}} \times \frac{B_{o} \gamma_{w}}{B_{w} \gamma_{o}} \times \frac{e^{b S_{w}}}{a} \tag{6-92}$$

分析式(6-92),对于某一个油田,在油水黏度比不变,油水的体积系数和油水的相对密度值稳定条件下,影响水油比变化过程的确定因素是含水饱和度的变化。对于不同的油田,在油水的体积系数和油水的相对密度值变化较小的条件下,影响水油比变化快慢的主要参数值是油水黏度比 M_n 和含水饱和度 S_w 的变化,而水油比 WOR 变化快慢又直接影响到含水上升率的变化快慢[如式(6-88)],使得各油田含水上升率曲线既主要受油水黏度比制约(不同类型油田的 M_n 变化范围值较大,为 $0.1 \sim 6000$,WOR 和 M_n 呈直线关系变化),又要受含水饱和度变化历程的影响(不同渗透率油田相对渗透率曲线的 S_w 变化范围较小,为 $0.1 \sim 0.8$,WOR 和 S_w 呈半对数关系变化)。

对于特低油水黏度比的碳酸盐岩古岩溶储层产生的缝洞等次生孔隙(含天然底水),油层非均质性较严重,注水开发易导致特高含水后期严重水淹,反映在特高含水后期的水驱曲线段近似竖直状。计算表明,在低含水至油层水淹前的特高含水阶段,同样应用多次幂指数型水驱特征曲线通式进行拟合预测,水驱曲线呈凹形,拟合相关系数大于 0.99,其含水上升率最大值仍在 60% 左右变化。因此对特殊井的动态变化和预测结果应做仔细分析。

三、多次幂指数型广义水驱特征曲线的应用效果

1. 预测方法的参数计算

文献[23,24]给出了自动拟合法、多值计算法等测算二类广义水驱特征曲线的经验常数(即水驱特征参数)。经应用研究,下面再给出两种简便实用的经验常数测算方法。

1)边界值算法

三点式边界值算法适用于新油田预测,首先要用常规经验公式标定出最终采收率 E_R 值(通常采用储层岩性和原油物性的静态参数算得)和极限含水率值对应的水油比 WOR_e,然后连同投产初期的两对稳定数据点(一般为已投产两年时间)R_1、WOR_1 和 R_2、WOR_2 代入式(6-93)计算经验常数 F、E、D 值(或 C、B、A 值):

$$F = \frac{\ln\left[E_R^F - \dfrac{\ln\left(\dfrac{WOR_e}{WOR_1}\right)(R_2^F - R_1^F)}{\ln\left(\dfrac{WOR_2}{WOR_1}\right)}\right]}{\ln R_1} \quad (6-93)$$

式中　R_1——初始采出程度,小数;

　　　R_2——第二年采出程度,小数;

　　　WOR_1——初始水油比,无量纲;

　　　WOR_2——第二年水油比,无量纲。

$$E = \left[\frac{\ln\left(\dfrac{WOR_e}{WOR_1}\right) \times \ln\left(\dfrac{WOR_2}{WOR_1}\right)}{(E_R^F - R_1^F)(R_2^F - R_1^F)}\right]^{\frac{1}{2}} \quad (6-94)$$

$$D = \frac{1}{4}\left[\ln(WOR_e \cdot WOR_2 \cdot WOR_1^2) - E(E_R^F + R_2^F + 2R_1^F)\right] \quad (6-95)$$

式(6-93)采用迭代法求解 F 值。一类预测通式的经验常数 A、B、C 的计算方法与上述二类预测通式相同。例如,用三点式边界值算法得到的经验常数分别对太平屯油田和 511 井葡 I 4-7 层各测算了十几个数据点,预测值与实测值的平均相对误差分别为 -7.61% 和 -4.63%,达到了新油田(井)预测精度的相对误差在 ±10% 以内的要求。

2)回归试算法

此方法简便易用,适用于具备多年数据点的老油田预测。将式(6-73)和式(6-77)分别改写成以下算式:

$$\ln W_{\mathrm{p}} = A + B N_{\mathrm{p}}' \qquad (6-96)$$

式(6-96)中间变量:

$$N_{\mathrm{p}}' = N_{\mathrm{p}}^{C} \qquad (6-97)$$

$$\ln \mathrm{WOR} = D + E R' \qquad (6-98)$$

式(6-98)中间变量:

$$R' = R^{F} \qquad (6-99)$$

可用式(6-84)初算得到 F(或 C)值,分别代入式(6-98)或式(6-97)得出 R' 或 N_{p}' 值,用式(6-98)或式(6-96)进行线性回归计算。为使公式两端变量得到较好的线性关系,可以调整 F 值或 C 值,直至式(6-98)或式(6-96)的相关系数达到 0.99 左右的最佳值,这时的经验常数 D、E、F 或 A、B、C 即为所求值,再将经验常数代入式(6-77)或式(6-73)进行预测。

由于各地质类型油田选择的差别,以及改变工作制度的影响和采用开发资料的时间段等条件不同,会出现特定油田的 F 拟合值与统计式(6-84)计算值的差异,应采用拟合调整后相关系数大于 0.98 的 F 值或 C 值,可以有效提高预测准确率。

2. 预测效果及精度分析

1)国内外各类油田(井)的预测效果

在国内外油田中,选择了 10 个不同储层和不同油水黏度比的具有从低含水到特高含水开发阶段的油田区块资料数据(包括中国的 4 个油田和 2 个井区,美国 1 个油田和原苏联 3 个油田),应用回归试算法对各油田开发全过程的二类水驱特征曲线进行拟合测算,式(6-98)的相关系数都大于 0.99,呈现出很好的线性关系(图 6-10)。将各油田测算的 D、E、F 值代入预测通式(6-77)进行计算,分别作出消去各油田坐标差异的无量纲二类水驱特征曲线,组成了不同形态的二类广义水驱特征曲线图,如图 6-11 所示。从图 6-10 和图 6-11 看出,预测值与实测值的符合程度很好。

若将所选 10 个油田的油水黏度比按低、中、高分类,其平均值依次增大为 2.3(2 个油田平均)、15.3(6 个油田平均)、37.5(2 个油田平均),与油水黏度比相对应的 F 平均值依次减小为 1.4、0.5、0.3。从图 6-11 中还看到,属于中黏度、中低渗透砂岩油藏的大庆太平屯等油田(井),属于高黏度、高渗透砂岩油藏的美国东威明顿油田,属于碳酸盐岩油藏的原苏联波克洛夫等油田,具有受构造控制气顶油藏的大庆喇嘛甸油田,以溶解气驱动为主的吉林扶余油田,

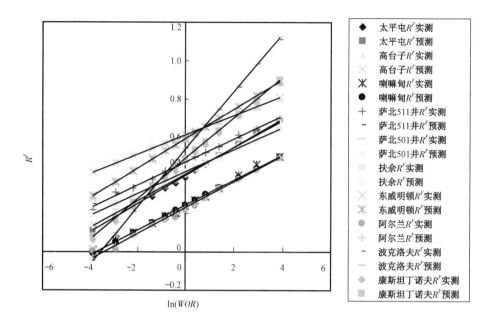

图 6－10　国内外油田二类水驱特征曲线直线图

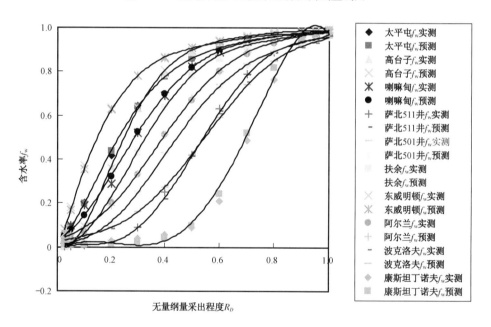

图 6－11　国内外油田二类水驱特征曲线形态图

以及其他具有裂缝发育的低渗透砂岩油田,在注水开发过程中,都适用于多次幂指数型广义水驱特征曲线的拟合预测。

又如对太平屯油田的 11 年开发数据采用回归试算法,各对一类、二类水驱特征曲线进行拟合预测,线性回归相关系数平方值分别高达 0.9978 与 0.9964,预测 11 个数据点的相对误差平均值,采出程度为 0.24% ,累计产油 0.68% ,累计产水 0.29% ,达到油藏工程很高的预测精

度。在注采井网保持不变条件下,预测最终采收率为 33.44% ,接近可采储量标定值 34.13%
(转引文献[32],用国家储委会经验公式计算)。综合数据及预测效果详见表 6 - 2。太平屯
油田在投产第 11 年后的 3 年中,安排了油水井压裂改造、换泵调参、局部加密井调整等增产措
施,又将 14 组数据代入式(6 - 77)进行线性回归,相关系数平方值同样高达 0.9958,预测最终
采收率为 0.3559,表明措施后提高了采收率 2.15% 。

2)开发前期与全过程的预测精度

广义水驱特征曲线的预测式(6 - 77)或式(6 - 73)的优越性是利用油田开发前期的资料
拟合,能够容易判别曲线形态类型,预测开发后期的油水动态变化,仍然具有较高的预测精度,
这对于提前设计油田开发方案和合理安排后期的规划措施都具有实际意义。

选出文中的高、中、低黏度油田(井)的资料应用式(6 - 77)进行计算,将已有的开发全过
程(低、中、高与特高含水期)的资料和主要为低、中含水期的资料分别进行二类水驱特征曲线
的拟合预测,并将两组预测结果做对比分析。在 F 值保持定值条件下,拟合的相关系数都在
0.98 以上,最终采收率的实测值与两组预测值很接近。例如,水驱开发全过程(含水率为
2.5% ~97.1%)的小井距实验井 511 井(葡 I 4 - 7 层)分别用两组开发阶段的资料拟合,含水
率为 0.95 时,采收率预测值分别为 44.83% 和 44.41% ,实测值为 45.22% ;含水率为 0.971
时,采收率预测值分别为 48.96% 和 48.43% ,实测值为 48.09% 。拟合预测结果表明,应用中
低含水期(或包括刚进入高含水期)的资料进行拟合预测,开发全过程的油水动态预测精度仍
然较高(表 6 - 3)。

表 6 - 3　部分高、中、低油水黏度比油田二类广义水驱特征曲线拟合预测效果表

油田(井)	扶余		小井距 511 井 (葡 I 4 - 7 层)		波克洛夫		康斯坦丁诺夫	
拟合阶段含水率,%	2.0 ~74.6	2.0 ~53.3	2.5 ~97.1	2.5 ~53.1	2.5 ~95.0	2.5 ~54.5	0.6 ~95.0	0.6 ~66.5
相关系数 R	0.9955	0.994	0.9965	0.9838	0.9955	0.9866	0.9932	0.9835
预测采收率 (含水为 95% 时),%	25.03	24.25	44.83	44.41	97.95	98.76	89.12	89.83
特征指数 F	0.3825		0.5613		1.0312		1.9564	
油水黏度比	36.7		14.3		3.0		1.5	
曲线形态	凸形		S 形		S 形		凹形	

注:国内两个油田(井)是预测地质储量采收率,国外两个油田是预测可采储量采收率。

另外,根据相关资料❶,对小井距实验井 501 井萨 II 7 +8 层、501 井葡 I 1 - 2 层和 511 井
萨 II 7 +8 层的开发全过程进行拟合,相关系数都大于 0.98。例如,501 井萨 II 7 +8 层进行开
发全过程(含水率为 2% ~98.2%)拟合,相关系数为 0.9811,预测含水率为 98.2% 时的采出
程度为 36.25% ,实测值为 35.55% 。以上检验结果和表 6 - 3 中不同开发阶段的预测结果,都
充分表明了多次幂指数型广义水驱特征曲线的数学模型具有广义性和实用性。

---

❶ 引自张宝胜、常洪军和张永武编写的《大庆油田规划研究资料手册》(第一册),大庆石油管理局勘探开发研究院,
1990 年,186 ~191 页,326 ~329 页,574 ~578 页。

第三节　水驱油渗流变量关系式机理模型

水驱油渗流公式泛指渗流变量关系式及水驱特征曲线。渗流变量指水驱油过程中，油田见水后的采出程度 R、体积波及系数 E_{Vi}、驱油效率 E_{Di}、油层平均含水饱和度 $\bar{S}_w$，出口端含水饱和度 S_w 以及含水率 f_w 等参变量。公式 $R = E_{Vi}E_{Di}$ 称为渗流变量关系式。文中首次对渗流变量关系式进行公式推导和实用论证，结合广义水驱特征曲线取得了较满意的应用成果。下面从水驱油渗流公式的机理分析、推导分析和应用分析 3 个方面进行研究。

一、水驱油渗流公式的机理分析

1. R 与 $E_{Vi}E_{Di}$ 的关系式论证

在一维非活塞驱替条件下，由水驱油前沿推进理论得到采收率表达式[❶]：

$$E_R = \frac{\bar{S}_{wm} - S_{wi}}{1 - S_{wi}} \qquad (6-100)$$

在井网系统的驱替条件下，应考虑影响面积扫及效率的流度比 M 和油层非均质性[33,34]对水淹体积的影响，需要在式（6-100）中增加校正系数，采收率算式即由式（6-101）表达[34]：

$$E_R = \left(\frac{1 - V_K^2}{M}\right) \cdot \left(\frac{\bar{S}_{wm} - S_{wi}}{1 - S_{wi}}\right) \qquad (6-101)$$

式中　M——水油流度比，小数；

　　　V_K——渗透率变异系数，小数；

　　　$\bar{S}_{wm}$——油层的最大平均含水饱和度，小数；

　　　S_{wi}——油层的束缚水饱和度，小数。

作为式（6-101）的校正系数，可描述为 Craig 的近似体积波及系数的表达式[3]：

$$E_V = \frac{1 - V_K^2}{M} \qquad (6-102)$$

根据岩心水驱油实验和理论分析，极限含水时的微观驱油效率公式为[34]：

$$E_D = \frac{\bar{S}_{wm} - S_{wi}}{1 - S_{wi}} \qquad (6-103)$$

在注水保持地层压力下，对比式（6-103）同样得到见水后水驱油过程中的微观驱油效率表达式：

$$E_{Di} = \frac{\bar{S}_w - S_{wi}}{1 - S_{wi}} \qquad (6-104)$$

---

❶ 引自张朝琛、陈元千和贾文瑞等编写的《油藏工程方法手册》（上册），石油部油田开发技术培训中心，1980 年，6 页，12～13 页，24 页。

将式(6-102)、式(6-103)代入式(6-101)得到在井网系统驱替条件下的关系式[34,35]，即式(4-10)。

$$E_R = E_V E_D$$

在水驱油过程中，设油田见水后的采出程度 R、体积波及系数 E_{Vi} 和驱油效率 E_{Di} 同时分别是含水率 f_w（或含水饱和度）的单值函数，故式(4-10)可以改写为以含水率（或含水饱和度）为隐函数的渗流变量关系式，即是在水驱油过程中各渗流公式的定量组合：

$$R = E_{Vi} E_{Di} \tag{6-105}$$

下面从机理分析和逻辑推导两个方面对关系式(6-105)的成立进行论证。

根据岩心水驱油试验得到式(6-91)[31,34,36]：

$$\frac{K_{ro}}{K_{rw}} = a e^{-bS_w}$$

根据油流和水流的达西定律，文献[26]导出在一个水平体系中忽略毛细管压力、重力和弹性影响的水驱油分流量方程式：

$$f_w = \frac{1}{1 + \dfrac{\mu_w K_o}{\mu_o K_w}} \tag{6-106}$$

在水驱稳定渗流条件下，通过地面水油比的换算，分流量方程式能够改写成以下油水相对渗透率比值的表达式[10,27]，即式(6-53)。

$$\frac{K_{rw}}{K_{ro}} = \frac{B_w \gamma_o \mu_w}{B_o \gamma_w \mu_o} \times \text{WOR}$$

由式(6-53)代入式(6-91)，取对数得：

$$\ln \text{WOR} = \ln \frac{G}{a} + b S_w \tag{6-107}$$

其中常数 G 为：

$$G = \frac{B_o \gamma_w \mu_o}{B_w \gamma_o \mu_w} \tag{6-108}$$

将式(6-107)微分再代入式(6-107)得到：

$$\frac{\mathrm{d}f_w}{\mathrm{d}S_w} = b f_w (1 - f_w) \tag{6-109}$$

式中 $\dfrac{\mathrm{d}f_w}{\mathrm{d}S_w}$——含水饱和度分布函数，无量纲；

  f_w——含水率，小数。

根据水驱油前沿推进理论，由 Welge 公式[37]得到：

$$\frac{\mathrm{d}f_\mathrm{w}}{\mathrm{d}S_\mathrm{w}} = \frac{1 - f_\mathrm{w}}{S_\mathrm{w} - S_\mathrm{w}} \tag{6-110}$$

式中 $\overline{S}_\mathrm{w}$——油层平均含水饱和度,小数。

将式(6-110)代入式(6-109)得到:

$$\overline{S}_\mathrm{w} = S_\mathrm{w} + \frac{1}{bf_\mathrm{w}} \tag{6-111}$$

根据油水两相驱替理论,将 S_w 理解为水淹区出口端即油井井壁水淹部分的平均含水饱和度,得到用出口端含水饱和度 S_w 表达的采出程度计算式[12]:

$$R = \frac{S_\mathrm{w} - S_\mathrm{wi}}{1 - S_\mathrm{wi}} \tag{6-112}$$

用岩心水驱油试验过程及油水相对渗透率曲线分析可以得出式(6-112)[36],用容积法计算可采储量的关系式同样得到式(6-112)[13]。

将式式(6-104)、式(6-112)代入式(6-111)得到:

$$E_\mathrm{Di} = R + \frac{1}{b(1 - S_\mathrm{wi})f_\mathrm{w}} \tag{6-113}$$

由二维平面水驱油理论❶导出:

$$\frac{\mathrm{d}f_\mathrm{w}}{\mathrm{d}S_\mathrm{w}} = \frac{V_\mathrm{p}E_\mathrm{Ai}}{V_\mathrm{i}} \tag{6-114}$$

式中 E_Ai——平面波及系数,小数;

V_p——储油层中的有效孔隙体积,$10^4\mathrm{m}^3$;

V_i——累计注水量(或累计产油量),$10^4\mathrm{m}^3$。

设储油层中无自由气的体积储量为 $V_\mathrm{p}(1 - S_\mathrm{wi})$,即可得到出口端采出程度表达式:

$$R = \frac{V_\mathrm{i}}{V_\mathrm{p}(1 - S_\mathrm{wi})} \tag{6-115}$$

将式(6-109)代入式(6-114)得到:

$$\frac{V_\mathrm{p}E_\mathrm{Ai}}{V_\mathrm{i}} = bf_\mathrm{w}(1 - f_\mathrm{w}) \tag{6-116}$$

联解式(6-115)和式(6-116)得到:

$$R = \frac{E_\mathrm{Ai}}{b(1 - S_\mathrm{wi})f_\mathrm{w}(1 - f_\mathrm{w})} \tag{6-117}$$

将(6-113)代入式(6-117)解得:

---

❶ 引自张朝琛、陈元千和贾文瑞等编写的《油藏工程方法手册》(上册),石油部油田开发技术培训中心,1980年,6页,24页,12~13页。

$$R = \left(\dfrac{1}{\dfrac{1 - f_{\mathrm{w}}}{E_{\mathrm{Ai}}} + 1} \right) E_{\mathrm{Di}} \tag{6 - 118}$$

由式(6 - 118)得到:

$$\frac{R}{E_{\mathrm{Di}}} = \frac{1}{\dfrac{1 - f_{\mathrm{w}}}{E_{\mathrm{Ai}}} + 1} = \frac{1}{E_{\mathrm{Ai}} + 1 - f_{\mathrm{w}}} E_{\mathrm{Ai}} \tag{6 - 119}$$

因为 E_{Ai} 是平面波及系数,所以令垂向波及系数为 E_{zi},则体积波及系数 E_{Vi} 可用式(6 - 120)表示:

$$E_{\mathrm{Vi}} = E_{\mathrm{Ai}} E_{\mathrm{zi}} \tag{6 - 120}$$

在式(6 - 120)中将 E_{zi} 值设为:

$$E_{\mathrm{zi}} = \frac{1}{E_{\mathrm{Ai}} + 1 - f_{\mathrm{w}}} \tag{6 - 121}$$

从式(6 - 121)看到,在 E_{Ai} 的稳定条件下,E_{zi} 值随含水率 f_{w} 的增加而上升,符合地下渗流变化趋势。将式(6 - 121)代入式(6 - 120)得到体积波及系数 E_{Vi},再代入式(6 - 119)即得式(6 - 105),表明应用二维平面水驱油理论证得渗流变量关系式(6 - 105)成立。

从公式的应用角度探讨分析式(6 - 105),得出两点认识:一是式(6 - 118)的中间变量是 E_{Ai},其物理意义明确,假设 $E_{\mathrm{Ai}} = 1$,这时 $f_{\mathrm{w}} = 1$,则 $E_{\mathrm{Vi}} = 1$,$R = E_{\mathrm{Di}}$[即得由式(6 - 100)和式(6 - 103)表达的 $E_{\mathrm{R}} = E_{\mathrm{D}}$],说明由井网驱替变成了一维驱替,同时表示油田储层水淹体积为 100%,但这是不能实现的,表明一维驱替是偏离油田实际的渗流状态(例如,用一维驱替的前沿推进方程结合相对渗透率曲线算得砂岩油田的无水采收率竟高达 10% ~ 50%),但可以作为理论分析应用。二是当 $0 < E_{\mathrm{Ai}} < 1$ 时,表明井网驱替是符合油田实际的渗流状态,因为是油田开发的井网条件控制了实际产出的油量。同时证明了多次幂指数型广义水驱特征曲线在理论分析过程中采用出口端含水饱和度 S_{w}(或称为水驱油岩心实验含水饱和度)的原因所在。式(6 - 105)做到了理论与实际的结合,通过隐函数含水饱和度(或含水率)的关系 $S_{\mathrm{w}} < \overline{S}_{\mathrm{w}}$,把 R、E_{Vi} 和 E_{Di} 3 个变量有机地联系起来;同时结合式(6 - 112)、式(6 - 104)和式(6 - 120)考虑,阐明了 3 个变量之间相互独立应用的机理条件、相互联系而成为渗流状态的统一体。

2. $\overline{S}_{\mathrm{w}}$、$S_{\mathrm{w}}$ 的水驱特征曲线常数关系式

联解式(6 - 104)、式(6 - 107)和式(6 - 111)得:

$$\ln \mathrm{WOR} = \ln \frac{G}{a} + b S_{\mathrm{wi}} + b(1 - S_{\mathrm{wi}}) E_{\mathrm{Di}} - \frac{1}{f_{\mathrm{w}}} \tag{6 - 122}$$

将式(6 - 113)代入式(6 - 122)得到:

$$\ln \mathrm{WOR} = I + JR \tag{6 - 123}$$

式中的经验常数值:

$$I = \ln \frac{G}{a} + bS_{wi} \qquad (6-124)$$

$$J = b(1 - S_{wi}) \qquad (6-125)$$

式(6-123)是在国外最早应用的原甲型水驱特征曲线[17]基础上,由童宪章院士推导命名的原乙型水驱特征曲线[38]。

将式(6-107)代入式(6-111),即可得到油层平均含水饱和度与出口端含水饱和度的关系式:

$$\overline{S}_w = S_w + \frac{1}{b}\left(\frac{a}{G}e^{-bS_w} + 1\right) \qquad (6-126)$$

从式(6-107)和式(6-111)中又可得到含水饱和度与含水率的关系式:

$$\overline{S}_w = \frac{1}{b}\left[\ln\left(\frac{a}{G} \times \frac{f_w}{1-f_w}\right) + \frac{1}{f_w}\right] \qquad (6-127)$$

$$S_w = \frac{1}{b}\left[\ln\left(\frac{a}{G} \times \frac{f_w}{1-f_w}\right)\right] \qquad (6-128)$$

将式(6-124)和式(6-125)分别代入式(6-126)至式(6-128)得到经验算式:

$$\overline{S}_w = S_w + \frac{1-S_{wi}}{J}\left[e^{\frac{J}{1-S_{wi}}(S_{wi}-S_w)-I} + 1\right] \qquad (6-129)$$

$$\overline{S}_w = S_{wi} + \frac{1-S_{wi}}{J}\left[\ln\left(\frac{f_w}{1-f_w}\right) - I + \frac{1}{f_w}\right] \qquad (6-130)$$

$$S_w = S_{wi} + \frac{1-S_{wi}}{J}\left[\ln\left(\frac{f_w}{1-f_w}\right) - I\right] \qquad (6-131)$$

式中与岩性和流体性质相关的经验常数 I 和 J 值由式(6-123)线性回归求得。不难看到,式(6-129)至式(6-131)具有指数型水驱特征曲线的特征,而指数型是以 S 曲线形态为其特征,是多次幂指数型广义水驱特征曲线的特例[15]。下面将导出具有广义水驱特征曲线(多次幂指数型)特征的含水饱和度变化曲线。

二、水驱油渗流公式的推导分析

1. 多次幂指数型渗流公式

相关资料❶中给出了多次幂指数型二类广义水驱特征曲线的预测公式:

$$\ln(\mathrm{WOR}) = A + BR^C \qquad (6-132)$$

将式(6-132)微分得到多次幂指数型的微分方程式,即式(3-9):

---

❶ 引自钟德康所著的《多次幂指数型广义水驱特征曲线分析及应用研究》,大庆油田有限责任公司勘探开发研究院,2016 年。

$$\frac{\mathrm{d}(\mathrm{WOR})}{\mathrm{WOR}\mathrm{d}R} = gR^h$$

其中：

$$g = BC \tag{6 - 133}$$

$$h = C - 1 \tag{6 - 134}$$

将式(6 - 132)和式(6 - 112)分别微分相除,得含水饱和度分布函数式:

$$\frac{\mathrm{d}f_\mathrm{w}}{\mathrm{d}S_\mathrm{w}} = \frac{BCf_\mathrm{w}(1 - f_\mathrm{w})R^{C-1}}{1 - S_\mathrm{wi}} \tag{6 - 135}$$

将式(6 - 104)和式(6 - 110)、式(6 - 112)、式(6 - 132)分别代入式(6 - 135),整理得到驱油效率预测式:

$$E_{\mathrm{Di}} = \left(\frac{\ln\frac{f_\mathrm{w}}{1 - f_\mathrm{w}} - A}{B}\right)^{\frac{1}{C}}\left[\frac{1}{C\left(\ln\frac{f_\mathrm{w}}{1 - f_\mathrm{w}} - A\right)f_\mathrm{w}} + 1\right] \tag{6 - 136}$$

将式(6 - 105)、式(6 - 132)代入式(6 - 136),整理得到体积波及系数预测式:

$$E_{\mathrm{Vi}} = \frac{1}{\dfrac{1}{C\left(\ln\dfrac{f_\mathrm{w}}{1 - f_\mathrm{w}} - A\right)f_\mathrm{w}} + 1} \tag{6 - 137}$$

由式(6 - 132)得到采出程度预测式:

$$R = \left(\frac{\ln\frac{f_\mathrm{w}}{1 - f_\mathrm{w}} - A}{B}\right)^{\frac{1}{C}} \tag{6 - 138}$$

联解式(6 - 114)、式(6 - 115)和式(6 - 135),得到平面波及系数的预测式:

$$E_{\mathrm{Ai}} = Cf_\mathrm{w}(1 - f_\mathrm{w})(\ln\mathrm{WOR} - A) \tag{6 - 139}$$

将式(6 - 139)代入式(6 - 121),即可得到垂向波及系数的预测式:

$$E_{\mathrm{zi}} = \frac{1}{(1 - f_\mathrm{w})[Cf_\mathrm{w}(\ln\mathrm{WOR} - A) + 1]} \tag{6 - 140}$$

式中的 A、B、C 值是与岩性和流体性质相关的经验常数(小数),能够由式(6 - 132)经验统计算得。

由多次幂指数型广义水驱特征曲线预测式(6 - 132)结合渗流变量关系式(6 - 105)等公式,推导出水驱油渗流公式,即式(6 - 136)至式(6 - 140),组成了广义水驱油渗流曲线,体现了驱油效率、体积波及系数和采出程度是相互制约的统一体。从式(6 - 136)到式(6 - 140)看到,各渗流应变量都是含水率的单值函数。分析各式的结构组成和分别计算结果,等同于式(6 - 105)两端的算值。

2. 多次幂指数型水驱特征指数

如前所述,体积波及系数 E_V 可以由式(6-102)算得,又能够通过经验统计方法算得。将大庆油田的长垣六大开发区萨葡油层的静态资料数据[39]用式(6-102)计算,与油水黏度比进行回归统计,得到相关经验公式:

$$\ln E_V = 0.6914 - 0.7509 \ln \frac{\mu_o}{\mu_w} \qquad (6-141)$$

式(6-141)的相关系数 $R = -0.9927$,剩余标准离差 $S = 0.0077$。

文献[25]统计了国内外 233 个综合含水率达到 80% 以上的实际油藏数据,得到广义水驱特征曲线预测式(6-132)的特征指数 C 与油水黏度比 μ_o / μ_w 为幂函数关系式,相关系数高达 98.8%,其预测表达式为:

$$C = 1.5776 \left(\frac{\mu_o}{\mu_w} \right)^{-0.3165} \qquad (6-142)$$

式中 $\dfrac{\mu_o}{\mu_w}$——油水黏度比,无量纲。

联解式(6-102)、式(6-141)和式(6-142),得到相关经验预测式:

$$C = 1.1788 \left(\frac{1 - V_K^2}{M} \right)^{0.4215} \qquad (6-143)$$

将边界值 R_1、E_R、WOR_1 和 WOR_e 分别代入式(6-132),得到式(6-132)的两个经验常数:

$$B = \frac{\ln \left(\dfrac{\mathrm{WOR}_e}{\mathrm{WOR}_1} \right)}{E_R^C - R_1^C} \qquad (6-144)$$

$$A = \frac{1}{2} \left[\ln(\mathrm{WOR}_e \cdot \mathrm{WOR}_1) - B(E_R^C + R_1^C) \right] \qquad (6-145)$$

式中　WOR_1——初始水油比,小数;

　　　WOR_e——极限水油比,小数;

　　　R_1——初始采出程度,小数;

　　　E_R——最终采收率,小数。

设油水黏度比 μ_o / μ_w 作为渗流特征参数,经验常数 C 为水驱特征指数。作为机理分析公式的式(6-141)至式(6-145),是油区特定类型性质有局限性的经验统计式,算得的 C 值与其他类型性质的油田有一定差别。可以应用式(6-132)进行具体油田的实际资料拟合计算 A、B、C 值。

3. 指数型渗流公式

作为多次幂指数型微分方程式的特例,在式(3-9)中令 $h = 0$,即可得到指数型的微分方

程式:

$$\frac{d(WOR)}{WORdR} = g \qquad (6-146)$$

式(6-146)分离变量积分,即可得到式(6-123)半对数的线性回归公式。

将式(6-123)、式(6-125)代入式(6-113)得到驱油效率预测式:

$$E_{Di} = \frac{1}{J}\left(\ln\frac{f_w}{1-f_w} - I + \frac{1}{f_w}\right) \qquad (6-147)$$

将式(6-120)、式(6-125)代入式(6-113)得到体积波及系数预测式:

$$E_{Vi} = \frac{1}{\dfrac{1}{\left(\ln\dfrac{f_w}{1-f_w} - I\right)f_w} + 1} \qquad (6-148)$$

由式(6-123)得到采出程度预测式:

$$R = \frac{\ln\dfrac{f_w}{1-f_w} - I}{J} \qquad (6-149)$$

式(6-149)中的 I、J 是与岩性和流体性质相关的经验常数(小数),由式(6-123)线性回归算得,也可以用式(6-124)、式(6-125)中的岩心试验参数换算得到。

4. 幂函数型渗流公式

作为多次幂指数型微分方程式的特例,在式(3-9)中令 $h = -1$,即得幂函数型的微分方程式:

$$\frac{d(WOR)}{WORdR} = g \cdot \frac{1}{R} \qquad (6-150)$$

式(6-150)分离变量积分,即可得到双对数的线性回归公式:

$$\ln WOR = M + N\ln R \qquad (6-151)$$

式中 M、N——与岩性和流体性质相关的经验常数,小数。

将式(6-151)和式(6-112)分别微分相除,得到含水饱和度分布函数式:

$$\frac{df_w}{dS_w} = \frac{Nf_w(1-f_w)}{(1-S_{wi})R} \qquad (6-152)$$

将式(6-104)、式(6-110)、式(6-112)和式(6-151)分别代入式(6-152),整理得到驱油效率预测式:

$$E_{\mathrm{Di}} = \left(\frac{f_{\mathrm{w}}}{1 - f_{\mathrm{w}}} \middle/ e^{M}\right)^{\frac{1}{N}} \left(\frac{1}{N f_{\mathrm{w}}} + 1\right) \tag{6-153}$$

将式(6-151)、式(6-105)分别代入式(6-153),整理得到体积波及系数预测式:

$$E_{\mathrm{Vi}} = \frac{1}{\dfrac{1}{N f_{\mathrm{w}}} + 1} \tag{6-154}$$

由式(6-151)得到采出程度预测式:

$$R = \left(\frac{f_{\mathrm{w}}}{1 - f_{\mathrm{w}}} \middle/ e^{M}\right)^{\frac{1}{N}} \tag{6-155}$$

式(6-155)中的经验常数 M、N 值由式(6-151)线性回归算得。

5. 广义含水饱和度关系式

含水饱和度与含水率关系式同样是水驱油渗流系列公式的组成部分。包含多次幂指数型的二类广义水驱特征曲线经验常数的含水饱和度预测公式,在应用上具有普遍性。将式(6-110)、式(6-112)代入式(6-135),得到广义平均含水饱和度与含水率关系预测式:

$$\overline{S_{\mathrm{w}}} = S_{\mathrm{wi}} + (1 - S_{\mathrm{wi}}) \left[\frac{1}{C\left(\ln\dfrac{f_{\mathrm{w}}}{1 - f_{\mathrm{w}}} - A\right) f_{\mathrm{w}}} + 1\right] \left(\frac{\ln\dfrac{f_{\mathrm{w}}}{1 - f_{\mathrm{w}}} - A}{B}\right)^{\frac{1}{C}} \tag{6-156}$$

将式(6-112)代入式(6-132),得到广义出口端含水饱和度与含水率关系预测式:

$$S_{\mathrm{w}} = S_{\mathrm{wi}} + (1 - S_{\mathrm{wi}}) \left(\frac{\ln\dfrac{f_{\mathrm{w}}}{1 - f_{\mathrm{w}}} - A}{B}\right)^{\frac{1}{C}} \tag{6-157}$$

在式(6-156)和式(6-157)中,分别设 $C = 1$,即可得到指数型的式(6-130)和式(6-131)。

三、水驱油渗流公式的应用分析

1. 水驱油渗流曲线形态变化分析

在边界值条件下,根据式(6-142)、式(6-144)和式(6-145)计算得到二类广义水驱特征曲线的经验常数随油水黏度比的变化值,再由式(6-136)到式(6-140)预测式(6-105)中的各项水驱油渗流曲线(图6-12至图6-16)。

从图6-12看到,在边界值一定的条件下,随着油水黏度比的增大,控制水驱特征曲线形态的 C 值相应减小,二类曲线形态依次变化为凹形、S形和凸形,在相同含水率条件下的采出程度降低。

在相同含水率条件下,随着油水黏度比的减小,体积波及系数和驱油效率分别增大,使采出程度增大,注水开发效果变好(图6-12至图6-14)。

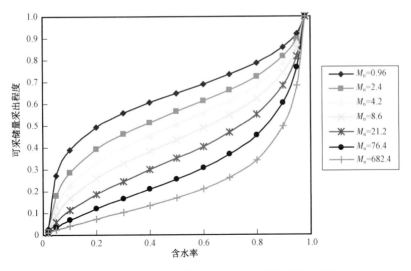

图 6 – 12　不同油水黏度比的水驱特征曲线形态图

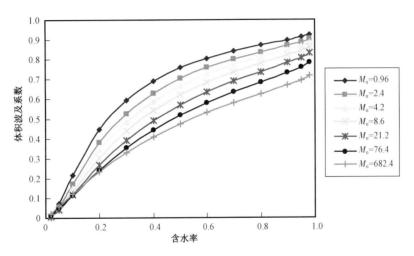

图 6 – 13　不同油水黏度比的体积波及系数与含水率关系图

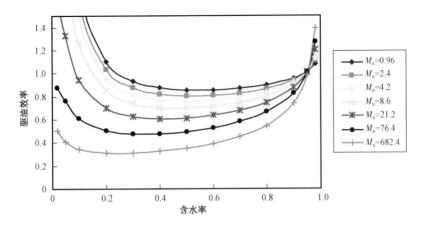

图 6 – 14　不同油水黏度比的驱油效率与含水率关系图

因为体积波及系数等于平面波及系数乘以垂向波及系数,图 6-15 体现出不同油水黏度比油田的平面波及系数在含水率 60% 以前趋于上升、含水率 60% 以后趋于下降的变化规律。图 6-16 中的垂向波及系数在油田见水后较稳定,进入高含水期开始急剧上升,导致驱油效率在开发后期增大。

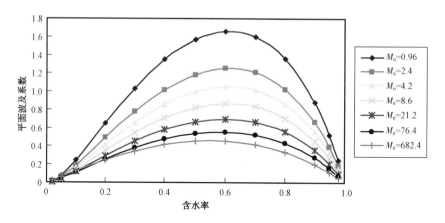

图 6-15 不同油水黏度比的平面波及系数与含水率关系图

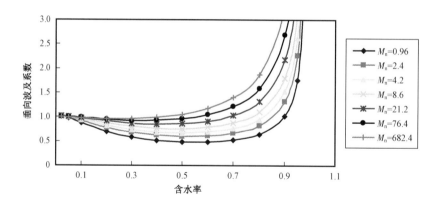

图 6-16 不同油水黏度比的垂向波及系数与含水率关系图

在实际应用中注意到,水驱油渗流曲线公式是根据岩心水驱油实验和油水两相驱替理论等关系式推导出来的,实验统计曲线存在着末端弯曲效应等原因,影响到水驱效果较好的低黏度油田,在含水初期阶段会产生驱油效率偏高而体积波及系数偏小的现象[同时受到式(6-105)两端等值效应的制约]。在经过了注水刚性驱动以后,随着含水率上升,出现了体积波及系数逐渐增大而驱油效率低于 1 和稳定上升的变化。

2. 水驱油渗流公式预测效果分析

1)流度比和渗透率变异系数的影响

根据式(6-143)至式(6-145)解得不同流度比 M[图 6-17 为 $M=1,5$]和渗透率变异系数 V_K(图 6-17 为 $V_K=0.3,0.6,0.8$)条件下的 C、A 值,代入式(6-137)绘制出不同流度比及渗透率变异系数的体积波及系数与含水率关系图(图 6-17)。图 6-17 表明,在流度比 M 定值条件下,随着渗透率变异系数 V_K 减小(油层非均质性降低),导致体积波及系数 E_{Vi} 增大(开发效果变好)。在相同的 V_K 值条件下,随着流度比的增大,体积波及系数 E_{Vi} 减小(开发效果变差)。

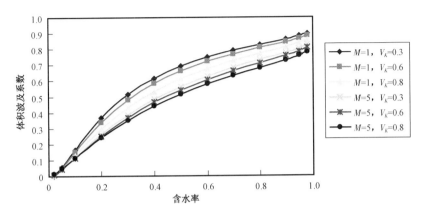

图 6-17 不同流度比及渗透率变异系数的体积波及系数与含水率关系图

2)油田应用实例和预测精度

大庆油田北区小井距(注采井距为 75m)试验区葡萄花油层的油水黏度比 M_n 为 14.3,束缚水饱和度 S_{wi} 为 0.218。该区试验井 511 井开采葡 I 4-7 层,欲求采出程度 R、体积波及系数 E_{Vi}、驱油效率 E_{Di}、平均含水饱和度 $\overline{S}_w$、出口端含水饱和度 S_w 分别与含水率 f_w 的关系曲线,同时进行预测精度分析。

首先将 511 井试验全过程(含水率为 2.5% ~97.1%)的动态资料代入多次幂指数型二类广义水驱特征曲线预测式(6-132)进行回归统计,算得经验常数 $A = -8.2343$,$B = 17.537$,$C = 0.5613$。然后将各经验常数分别代入式(6-136)、式(6-137)、式(6-138)、式(6-156)和式(6-157)预测,绘制出一组水驱油渗流曲线(图 6-18)。从图 6-18 看到,采出程度 R 的预测值与实测值符合程度较好,相关系数高达 0.9965,预测极限含水率 98%时的最终采收率

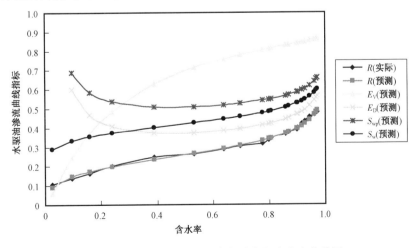

图 6-18 小井距 511 井生产实验水驱油渗流曲线图

为 51.82%。含水率 95% 时,采出程度为 45.52%,预测值为 44.83%。其他曲线的变化规律较好,预测值精度较高,例如 511 井葡 $\mathrm{I}4-7$ 层在含水率为 93% 时,采出程度为 43.47%,用式 (6-132) 的预测值 $R=42.3\%$;在含水率为 93% 时,累计注清水的体积波及系数实测值 $E_{\mathrm{Vi}}=85\%$,用式 (6-137) 的预测值 $E_{\mathrm{Vi}}=84.9\%$;距 511 井南侧 25m 处钻有一口密闭取心井(检 515 井),经密闭取心测得葡 $\mathrm{I}4-7$ 层水淹段的驱油效率值 $E_{\mathrm{Di}}=52.8\%$,用式 (6-136) 的预测值 $E_{\mathrm{Di}}=49.8\%$。水淹区的平均含水饱和度 $\overline{S}_{\mathrm{w}}$ 的曲线高于出口端含水饱和度 S_{w} 的曲线,经过一段时间的注水后,两者的数值差距逐渐变小并趋于稳定状态。

通过以上各曲线动态指标的预测结果和实测检验,说明了应用多次幂指数型广义水驱特征曲线的经验常数预测各项水驱油渗流曲线具有较好的广泛性、适用性和精确性,是油藏工程方案设计和动态分析的有力助手。

第四节　油藏数值模拟效果分析

应用 VIP 三维三相黑油模型软件,对储层裂缝性质及开发特征进行数值模拟研究[40]。文中提出了主要研究内容:确定油井压裂投产后,储层裂缝方向渗透率的大小及相互垂直的水平渗透率的倍数关系;分析油水相对渗透率曲线的调整方法;测算并讨论数值模拟中几种主要参数的场变化及应用;通过对各注水受效方向油井的动态历史拟合及反求地层参数,使其达到好的模拟预测效果。

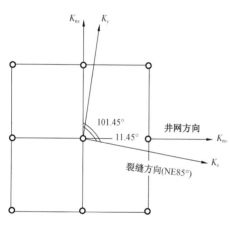

图 6-19　储层裂缝方向及垂直方向水平渗透率示意图

用朝阳沟特低渗透油田作为案例,选定位于构造轴部储层裂缝较发育的朝 5 区块作为模拟块。含油面积为 5.21km²,有 46 口采油井、17 口注水井,具有 1988—1993 年的开发动态资料。储层裂缝形态以构造垂直缝为主,裂缝发育主方向为 NE85°,与偏东西向的注水井排方向的夹角为 11.45°(图 6-19)。设计井距为 300m×300m 的正方形井网,然后在模拟块建立了 10 个油层组、10140 个节点的网格规模。在调整、修改参数的过程中,分别对受裂缝制约影响较大的东西向注水受效油井和裂缝影响较差的南北向注水受效油井进行动态历史拟合。为达到好的模拟预测效果,对数值模拟中上述的几个方法问题进行了研究。

一、方向渗透率值的确定方法

根据文献[41],各向异性多孔介质的渗透率方向值具有对称张量的形式,在二维平面可表示为:

$$\frac{1}{K_{\mathrm{n}}} = \frac{\cos^2\alpha}{K_x} + \frac{\sin^2\alpha}{K_y} \qquad (6-158)$$

令

$$D = \frac{K_x}{K_y} \tag{6-159}$$

将式(6-159)代入式(6-158)得到：

$$K_n = \frac{K_x}{(\cos^2\alpha + D\sin^2\alpha)} \tag{6-160}$$

式中 K_{nx}、K_{ny}——长、短主轴互相垂直的水平方向渗透率；

D——倍数关系值；

K_z——其他方向渗透率；

α——K_n 与 K_x 的夹角。

设 K_x 为裂缝主方向渗透率，K_{nx} 和 K_{ny} 为井网互相垂直的水平方向渗透率（即网格方向渗透率）。在式(6-160)中，当 K_n 与 K_x 的夹角 $\alpha = 11.45°$ 时，$K_n = K_{nx}$；当 K_n 与 K_x 的夹角 $\alpha = 101.45°$ 时，$K_n = K_{ny}$（图1）。网格方向和井网方向保持一致，便于输值计算。各方向渗透率的几何关系如图 6-19 所示，它们的计算方法如下：

统计朝阳沟油田构造轴部压裂投产初期的 8 口试井资料与同井的储层岩心资料，经过最小二乘法运算得出线性关系式：

$$\frac{K_{02}}{K_{01}} = 45.8411 - 1.1414K_{al} \tag{6-161}$$

其中：

$$K_{01} = \frac{K_{al}}{E} \tag{6-162}$$

相关系数 $R = -0.9266$

式中 K_{01}、K_{02}——储层压裂前、后的有效渗透率 mD；

E——换算系数，由室内水驱油实验得出，朝阳沟油田轴部平均值 $E = 4.4$。

矿场试验研究表明，人工压裂裂缝方向与天然裂缝发育方向趋于一致，则由式(6-161)预测的 K_{02} 值基本反映了储层压裂后的裂缝主方向渗透率，即：

$$K_x = K_{02} \tag{6-163}$$

根据朝阳沟油田构造轴部区块投产初期的压力恢复曲线资料，算得东西向注水受效油井的有效渗透率是南北向注水受效油井有效渗透率的 1.5 倍。因注水渗流主方向和次方向分别与裂缝主方向平行和垂直，其力势方向和渗滤速度方向都分别保持一致，即上述倍数关系反映了相互垂直的主轴方向渗透率的倍数关系，则由式(6-159)得到 $D = K_x/K_y = 1.5$。

已知 K_x、D 值，并分别将夹角 $\alpha_1 = 11.45°$、$\alpha_2 = 101.45°$ 代入式(6-160)。算得：

$$K_{nx} = 0.98K_x \tag{6-164}$$

$$K_{ny} = 0.67K_y \tag{6-165}$$

设 K_{nx} 和 K_{ny} 的倍数关系值为 B，则得：

$$B = \frac{K_{nx}}{K_{ny}} = 1.46 \qquad (6 - 166)$$

求得 K_{nx}、K_{ny} 和 B 值,为油藏模拟块网格输入初值提供依据。

二、油水相对渗透率曲线的调整方法

在储层裂缝方向性的制约下,东西向注水和南北向注水,其油井受效早晚及压力、含水率都不一样,因此,应对油水相对渗透率曲线进行分析和调整。

1. 见水早晚的调整

由密闭取心井所作的含水饱和度与空气渗透率关系曲线分析,渗透率的低和高决定了束缚水饱和度的大和小。为了反映东西向注水受效油井早见水的特征,采用了较小的束缚水饱和度;对于迟见水的南北向油井,则采用较大的束缚水饱和度。

2. 含水率上升快慢的调整

根据油水相对渗透率曲线的分流公式原理,在油水黏度比一定条件下,水油比(WOR)与水油相渗透率比值成正比,可用下式表示:

$$WOR = \frac{K_w \mu_o}{K_o \mu_w} \qquad (6 - 167)$$

在油水相对渗透率曲线基础上,若将水油相对渗透率比值(K_w/K_o)及对应的水油比分别提高 2 倍(对东西向注水受效油井)和减小为 1/2(对南北向注水受效油井),以此作为输入初值。在朝 5 模拟块各个井排的动态历史拟合过程中,对油水相对渗透率曲线进行调整的结果是,前者提高了 2~3 倍,后者减小为 1/5~1/2。

三、数值模拟的场分析及其应用

在油藏数值模拟中,渗透率、压力和饱和度等参数都呈数量形式以自身的变化规律分布于各个网格节点。文中的所谓场分析,并非指储层质点的数量场或矢量场的理论分析,而是进行综合性的场效应分析。

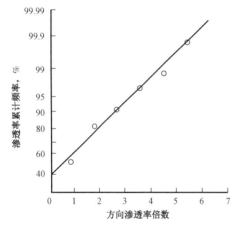

图 6 - 20 朝 5 模拟块扶 II 1 油层渗透率正态分布图

1. 渗透率场的分布形式

朝 5 模拟块通过动态历史拟合,修改并反求地层参数,得到储层东西向水平渗透率是南北向水平渗透率的 1.4~2.1 倍,占累计百分数的 85%,部分压裂井点的方向渗透率倍数达到 3~6 倍。渗透率累计百分数与方向渗透率倍数的定量关系在正态概率坐标上近似为一条直线(图 6-20),表明渗透率场的变化主要呈正态分布形式。

从多数井点及网格的方向渗透率相差较小的倍数关系分析,说明南北向注水受效油井既受局部微裂缝影响,又主要受孔隙介质渗流的影响。东西向注水受效油井则以张开裂缝和以孔隙介质作为渗流通道,而孔隙又主要起储油作用。这是朝阳沟油田构造轴部储层裂缝性质的基本特征。

2. 压力场的变化特点

图 6 - 21 为朝 5 模拟块朝 74 - 82 井组的压力剖面,在 1 年(第 2599 ~ 2965 天)时间内,油汇区的地层压力变化较大,东西向油井的压力上升速度明显快于南北向油井,不同注水受效方向油井地层压力相差 3 ~ 4MPa。东西向油井的平均压差梯度为 0.099MPa/m,南北向为 0.072MPa/m。压力剖面指明了东西向注水受效

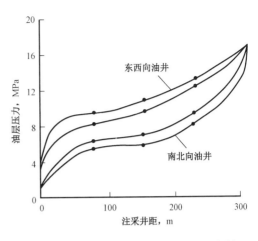

图 6 - 21 朝 5 模拟块朝 74 - 82 井组压力剖面

油井在裂缝作用下出现含水率上升快、产油下降快的现象是由高压井层(平均为 9 ~ 10MPa)引起的,同时使南北向注水受效油井因平面矛盾导致低压(平均 6.4MPa)、低产的局面。通过对东西向油井转为线性注水调整压力剖面,能够改变液流方向,恢复南北向油井地层压力和产油量。

3. 饱和度场的应用

计算并分析含油饱和度场的变化,能够描述小层剩余油的分布状况。为模拟预测不同注水方式的效果,应用和统计了含油饱和度数量场,作如下公式计算:

$$E_R = \frac{N_p}{N} \tag{6 - 168}$$

$$E_D = 1 - \frac{\overline{S}_o}{S_{oi}} \tag{6 - 169}$$

$$E_V = \frac{E_R}{E_D} \tag{6 - 170}$$

式中　E_R——最终采收率,小数;

　　　　N_p、N——模拟区小层的累计产油量及地质储量,10^4t;

　　　　E_D——驱油效率,小数;

　　　　$\overline{S}_o$、S_{oi}——模拟区小层平均剩余油饱和度及原始含油饱和度,%;

　　　　E_V——体积波及系数,小数。

主力油层扶 II 1 在反九点注水方式下的驱油效率与含水率呈直线关系,其表达式为:

$$E_D = 0.3554 f_w - 0.0734 \tag{6 - 171}$$

由于储层渗透率较低(10.8mD),注入水又沿东西向裂缝主方向突进,导致驱油效率很低,预测极限驱油效率仅有 27.5%。通过线性注水后,应用饱和度场的变化资料,计算了扶 II 1 层在综合含水率 47% 条件下,驱油效率已由 9.3% 提高到 13.5%,体积波及系数由 63.9% 提高到 71.4%,采出程度由 5.9% 提高到 9.6%,取得了较好的调整效果。

四、动态历史拟合及静态参数评价

1. 砂岩吸水量及测算

据朝阳沟油田开发初期的 204 口注水井吸水剖面资料统计结果,吸水厚度大于有效厚度的有 152 口井,其中砂岩吸水厚度占吸水总厚度的 42.2%。在油藏数值模拟过程中,发现有效厚度的注水量明显低于实际注水量,都表明了砂岩吸水的存在。

统计和分析朝 5 模拟块 13 口注水井历年的吸水剖面资料表明,随着区块含水率的不断上升,有效厚度吸水量所占百分比呈逐年上升趋势,影响砂岩厚度吸水百分比,并使后者呈降低趋势。据此定量关系附加了砂岩吸水量,使拟合注水量与实测注水量基本符合。

2. 拟合预测的效果分析

朝 5 模拟块进行了 6 年的生产史拟合,东西向和南北向注水受效油井的动态变化,都有较好的跟踪拟合效果。从预测结果来看,东西向油井于 1992 年以后产水量大幅度下降,南北向油井产油量稳定提高,东西向高压、高含水油井转为线性注水(1992 年以后),取得了较好的调整效果(图 6 - 22 至图 6 - 24)。

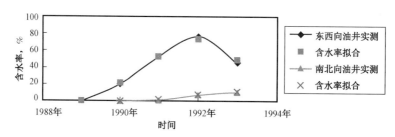

图 6 - 22　朝 5 断块数值模拟含水率曲线

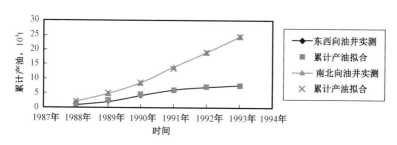

图 6 - 23　朝 5 断块数值模拟累计产油曲线

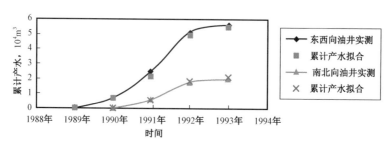

图 6 - 24　朝 5 断块数据模拟累计产水曲线

拟合修改后的储层平均有效孔隙度为 18.3%，比测井解释的提高了 1.04 倍，与岩心解释的有效孔隙度相符。模拟块计算的地质储量为 $463.3 \times 10^4 t$，与容积法计算的地质储量 $462.2 \times 10^4 t$ 基本一致。

第五节 多因素注采比测算模型

根据水驱油理论和注采平衡原理，推导和建立了砂岩油田受多因素调控的注采比预测模型[42]，经油藏数值模拟结果验证，该数学模型的预测精度较高。矿场资料预测表明，该模型同样适用于在裂缝发育程度不同的各油田进行各含水阶段的注采比预测。在编制注采方案时，依据合理的注采压差、采油速度及含水率的调控值，能够预测合理的注采比及合理配置注水量，进而提高油田注水开发的经济效益。

实现经济有效地开发低、特低渗透油田的主要技术措施，应立足于早期内部注水和不同井网条件下储层裂缝发育方向的合理注水。而确定合理注采比，则是合理配置注水量的重要依据。因各油田储层的埋深和裂缝发育程度不同，导致储油层达到破裂的压力各异，而保持注水井井底流压低于破裂压力尤为重要；研究表明，注采比的大小不仅与注水井和采油井井底流压的高低有关，而且受油田含水率和采油速度制约。在注采比预测公式[43]的基础上，建立了多因素调控的注采比预测模型，既考虑了合理流压界限的制约，又包含了含水率和采油速度的影响。对裂缝发育程度不同的各砂岩油田，合理注采比的预测结果有利于进行开发方案的各含水阶段最佳注水量调整。

一、公式推导过程

应用文献[13]的系列公式，可以得出不同注水方式条件下的注水量通式：

$$q_{iw} = \frac{CKh(p_{iwf} - p_{wf})}{\mu_w \left(A\ln\dfrac{d}{r_w} + S - E \right)} \quad\quad (6-172)$$

式中　K——油层渗透率，mD；

　　　h——有效厚度，m；

　　　p_{iwf}——注水井井底流压，MPa；

　　　p_{wf}——采油井井底流压，MPa；

　　　μ_w——注入水黏度，mPa·s；

　　　d——注水井与生产井的距离，m；

　　　r_w——井底半径，m；

　　　q_w——单井日注水量，m³；

　　　C——单位换算系数，小数；

　　　S——表皮系数，小数；

　　　A、E——井网系数，小数。

由注采比定义式得：

$$IPR = \frac{q_{iw}}{q_o\left(\frac{B_o}{\gamma_o} + WOR\right)M} \tag{6-173}$$

式中　IPR——注采比,无量纲;

　　　q_o——单井产油量,t/d;

　　　B_o——地层油体积系数,无量纲;

　　　γ_o——地面油密度,t/m³;

　　　WOR——水油比,无量纲;

　　　M——油水井数比,无量纲。

　　由采油速度定义式得:

$$v_o = \frac{10^{-4}q_o OT}{N} \tag{6-174}$$

式中　v_o——采油速度,小数;

　　　O——采油井数,口;

　　　T——年生产时间,d;

　　　N——原油地质储量,10^4t。

　　将式(6-172)、式(6-174)代入式(6-173)并整理得:

$$IPR = \frac{Z(p_{iwf} - p_{wf})}{v_o\left(\frac{B_o}{\gamma_o} + WOR\right)} \tag{6-175}$$

　　式(6-175)中,Z为同一油田的综合系数,其值为:

$$Z = \frac{10^{-4}CKhOT}{\mu_w\left(A\ln\frac{d}{\gamma_w} + S - E\right)MN} \tag{6-176}$$

　　由文献[43]得到注采比预测公式:

$$IPR = \frac{G \cdot WOR^H}{\frac{B_o}{\gamma_o} + WOR} \tag{6-177}$$

式中　G、H——经验常数。

　　将式(6-175)和式(6-177)相乘,整理得到注采比受多因素控制的预测公式:

$$IPR = 10^{B_1} \times \left(\frac{p_{iwf} - p_{wf}}{v_o}\right)^{B_2} \times \frac{WOR^{B_3}}{\frac{B_o}{\gamma_o} + WOR} \tag{6-178}$$

式中　B_1、B_2、B_3——经验常数。

　　式(6-178)的多元回归表达式为:

$$\lg\left[\text{IPR}\left(\frac{B_o}{r_o} + \text{WOR}\right)\right] = B_1 + B_2\lg\left(\frac{p_{iwf} - p_{wf}}{v_o}\right) + B_3\lg\text{WOR} \qquad (6-179)$$

二、模型的数值模拟检验

式(6-178)经过了大庆外围特低渗透油田 D 开发区(注采井距为 250m,采用反九点注水方式,抽油井流压稳定为 1MPa,单井日注水量为 15m³)油藏数值模拟结果的 22 组数据(开发阶段含水率为 1.8% ~ 95.11%)回归检验,其相关系数为 0.9996,剩余标准离差为 0.0094,拟合预测精度较高,表明公式推导和计算结果是正确的,如图 6-25 所示。

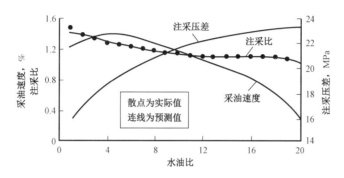

图 6-25 注采压差、采油速度、注采比与水油比关系曲线

三、油田应用实例

在大庆外围大型特低渗透油田中,将头台油田和朝阳沟油田的部分区块在 1998 年以前的矿场动态数据(用 1 年作为 1 组数的时间单位)分别代入式(6-179)进行多元回归计算,得出多因素控制的注采比预测表作为近期方案配注水量的重要依据。从预测结果得知,相关系数 R 为 0.96 ~ 0.99,剩余标准离差 S 为 0.01 ~ 0.11,符合油藏工程应用要求。录取动态资料(用于拟合)的精度越高,相关系数越高,预测注采比更符合油田实际情况。拟合经验常数 B_1、B_2、B_3 是与各油田(区块)的储层性质及原油特性有关的特征参数。预测结果表明,朝 691-83 区块的实际注采比偏低,应适当提高注采比。同时可见,区块的注水井井底流压已经接近或超过油层破裂压力,采油井井底流压在目前的含水率条件下,基本在允许流压范围值内。在达到采油速度和含水率设计方案条件下,合理控制注水井流压和采用适当的注采比(注水量)是必要的。例如,朝 5 区块用开发 10 年的 10 组数据拟合,得 $B_1 = -1.1071$,$B_2 = 0.5677$,$B_3 = 0.0716$,$R = 0.9668$;$s = 0.0233$,预测 1999 年的年注采比为 2.28,年注水量为 $62.15 \times 10^4\text{m}^3$,与实际年注采比(2.33)、年注水量($63.63 \times 10^4\text{m}^3$)较接近。该区 1999 年注水井流压高达 21.5MPa(储层破裂压力为 18.6MPa,采油井流压为 1.5MPa,综合含水率为 31.8%,采油速度为 1.85%。为了达到稳产和降低流压的目的,将该区下一年的调控设计方案参数[$p_{iwf} = 19\text{MPa}$,$p_{wf} = 1.2\text{MPa}$,$v_o = 1.9\%$,$WOR = 0.4925$(折算含水率为 33%)等参数]代入式(6-178)进行预测,得出注采比为 2.07,年注水量为 $58.9 \times 10^4\text{m}^3$,为合理降低注采比提供了稳产依据。

图 6-26 为部分区块的注采比变化曲线,预测值和实测值基本相符合。其中,头台油田试验区东部、茂 11 区块和朝阳沟油田朝 5 区块的储层裂缝较发育,而朝 691-83 区块的储层裂缝不发育,表明拟合预测模型式(6-178)或式(6-179)都适用于裂缝发育程度不同的油田。

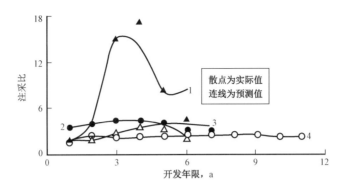

图 6 – 26　不同区块开发期内注采比变化曲线

1—头台试验区;2—头台茂 11;3—朝阳沟朝 5;4—朝阳沟朝 69 – 83

第六节　周期注水效果分析模型[43]

　　根据低渗透油田储层物性较差、压力传导慢的特征,从注采系统整体性出发,研究压力系统的控制机理、控制方法和控制范围。结合大庆外围油田的实例,通过周期(间歇)注水的压力控制,实现了注采系统的平衡协调,延长了采油系统的稳产过程,提高了低渗透油田的开发效益。

一、压力控制的机理及效果分析

　　大庆外围低渗透和特低渗透油田的有效渗透率低,一般在 1 ~ 200mD 范围内,导压系数在 0.2 ~ 38mD·MPa/(mPa·s)范围内。由于外围油田导压系数很小,致使注水后的压力在储层中传导慢。二维模型计算和矿场实践表明,低渗透层与高渗透层相比,地层压力恢复也很慢(图 6 – 27)。随着注水时间的延长,地层压力回升,注水启动压力也在抬高,使注水指示曲线近似于平行上移(图 6 – 28)。为了完成一定的注水量,势必增大注入压力,但又受到油层破裂压力的限制。

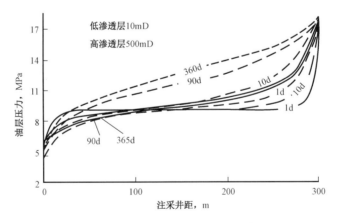

图 6 – 27　二维模型压力与井距变化关系图

(实线为低渗透层按 1 ~ 365d 计算结果,虚线为高渗透层 1 ~ 360d 计算结果。邻近采油井地区,
低渗透层因压力传导较慢,后期的压力曲线降低接近重合,而高渗透层略有升高)

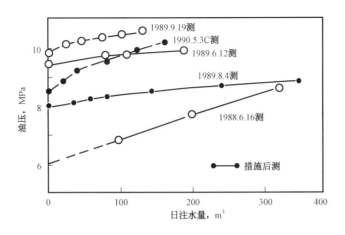

图 6 – 28　朝 113 – 55 井注水指示曲线

若在注水井采取周期(间歇)注水、在油井采用放产降压的措施,都可以加快压力的扩散过程,从而降低启动压力,稳定或提高注水量,增加产油量。因此,压力控制是改善注水开发效果的核心问题。据油水两相渗流理论分析,注水井的井口油压(p_{iwh})与日注水量(q_{iw})和采油井的流压(p_{wf})相关性好。任选朝阳沟油田试验区的朝 106 – 56 注水井井组,将其 1989 年和 l990 年 23 个月的动态数据,对导出的理论公式进行数理统计得到如下回归式:

$$p_{iwh} = 1.1962 + 0.0993 Q_{iw} + 0.017 p_{wf} \qquad (6-180)$$

式(6 – 180)的相关系数 $R = 0.8721$,剩余标准离差 $S = 1.3328$。

式(6 – 180)表明,当限制注水井的注水量或采油井放产降低流压,都可达到控制注水井井口油压的目的,从而降低了注水启动压力,产生注采关系协调的作用,对实现低渗透油田的稳产具有十分重要的意义。

研究表明,油田开发是受多因素影响的随机过程,因此在不同含水阶段,得到了对注采系统进行非定期调整的压力控制方法。即在升压或注采平衡失调情况下,采用注水井调整水量(包括间歇注水)、油井调参、换泵、二次压裂及放产等常规的技术配套措施,保持注水量和采液量的相对稳定增加,使注水井的井口油压稳定降低,采油井的井底流压稳定下降,达到新的注采平衡,实现控制压力、增产油量的好效果。

例如,朝阳沟油田试验区南块的注水井朝 113 – 55 井,于 1989 年 6 月 12 日测注水指示曲线,启动压力高达 9.4MPa,全井日注水量只有 30m³。采用间歇注水,于 6 月下旬全井停注,测得注水井静压为 15.9MPa。8 月下旬停注结束前,测注水井静压已降到 13.6MPa,这时又测注水指示曲线,启动压力已降到 8MPa(图 6 – 26)。恢复注水后,在相同井口油压条件下,全井日注水量提高到 35 ~ 40m³。当相邻采油井朝 113 – 53 于 1989 年 11 月换大泵放产后,流压下降了 4.5MPa,日产液由 14t 增加到 30t,油井增油降低了含水率;注水井朝 113 – 55 井的启动压力又由 1989 年 9 月的 9.8MPa(油压为 10.5MPa)降低到 1990 年 5 月的 8.5MPa(图 6 – 26),这时油压降至 8.8MPa。由此可见,采用间歇注水或降低油井流压来控制注水启动压力,产生了"降压—注水—放产"的良性循环。如前文所述,朝 106 – 56 井组,1990 年和 1989 年对比,注水井启动压力由 7.8MPa 下降到 6.7MPa,井口平均油压由 7.4MPa 降至 5.8MPa,年平均日注水量稳定在 40m³ 左右。周围 8 口采油井的平均流压由 3MPa 稳定降至 2.8MPa,平均单井日产油量由 6.3t 增加到 8.3t,效果是明显的。

应该看到,注水始终是能量补充的源泉。当注水井启动压力降低后,有利于吸水能力和注水量的提高,加之压力传导慢,井口油压和启动压力又开始明显升高。地层压力得到恢复后,流动压力随之上升,这时对采油井放大生产压差,使产量增加,又导致注水启动压力降低。这种类似于往复活塞泵式的驱油效果,在低渗透油田表现得更加突出,把握了这种规律性,因势利导,夺取低渗透油田的持续稳产。

二、压力控制的主要做法——周期注水

采用周期(间歇)注水方式,既可改善储层在毛细管压力作用下的渗吸能力,利于增加注水波及体积,又可对油层施以脉冲作用,造成油层不稳定的压力状态,在水淹层与含油层之间产生附加压差,提高注水驱油效率,降低采油井的含水率,有利于油田稳产,使周期(间歇)注水成为低渗透油田控制压力实现稳产的重要途径。

自 1983 年 4 月开始,在太平屯油田南部三断块地区开展周期(间歇)注水试验,因油层岩石润湿性为弱亲水,有利于间歇注水和提高吸水能力。据前 3 年的试验结果,第一年停半年、注半年的长周期注水方式,影响了压力、产量的下降;第二、第三年分别采用停 2 个月、注 2 个月的短周期注水方式,保持了产油量稳定,但较长时间采用对称周期注水方式,导致静压和流压明显降低。为使压力水平相对稳定,则采用了非对称周期注水,即停注 2 ~ 3 个月,注水 4 ~ 6 个月。为了提高低渗透层的渗吸作用,太南三断块在间歇注水中,将注采比控制在 0.8 ~ 0.9 的较低水平,从而降低了该区的含水率上升速度,同时提高了地下存水率,节水、节电效益是显著的。

葡萄花油田南部于 1985 年转入注水开发后就实行全面周期(间歇)注水,减缓了水线推进速度,控制了油田含水率上升速度。近年来,针对油田进入中含水率阶段含水率上升较快的情况,注水井又采取了一部分井停注、另一部分井注水的改变液流方向的间歇注水方式,对降低油井含水率、保持产量稳定起到了较好的作用。

1989 年,在杏西油田南部采取了"短周期、非同步"的分层间歇注水方式,取得了产油稳定上升、含水率稳定下降的好效果。

1989 年 7 月,针对朝阳沟油田试验区南块注水启动压力上升、注水量降低的情况,进行了间歇注水试验。在注采井距为 212m、压力水平较高的条件下,将 8 口注水井全部停注,两个月左右再恢复注水。试验后,因注水井的启动压力下降,注水量提高,使采油井的产油量明显增加(表 6-4),到同年 12 月,22 口采油井的日产油量仍保持在 55t,实现了降压稳产。例如,沿裂缝东西向注水受效的采油井朝 113 - 57 井,在相邻注水井朝 113 - 55 井停注两个月之后,日产油量由 1t 增加至 3t,含水率由 60% 降至 32%,效果很好。

表 6 - 4 朝阳沟油田试验区南块间歇注水效果

对比时间	注水井						采油井			
	启动压力 MPa	流压 MPa	静压 MPa	注水压差 MPa	单井日注水量 m³	吸水指数 m³/(MPa·d)	日产液量 t	日产油量 t	日产水量 m³	综合含水率 %
1988 年 6 月	7.1	16.86	11.19	5.67	21.5	3.79	49	43	6	12.2
1989 年 6 月	9.0	18.81	16.66	2.15	19.7	9.16	61	50	11	18.0
1989 年 8 月	7.6	18.24	14.30	3.94	24.4	6.19	71	55	18	24.0

要取得间歇注水的好效果,应根据各个油田的油层性质及注水状况,摸索并制订合理的停注阶段、停注周期和停注井点,同步调整油井的工作制度,以期达到注采协调稳产的效果。

三、压力控制的范围

低渗透或特低渗透油田,在不同含水的驱油阶段,注采大压差应该保持相对的稳定,主要有两个原因:一是在控制压力达到注采系统协调及油田稳产的良性循环过程中,注采压差实际上保持了相对的稳定;二是低渗透油田天然裂缝发育。为了避免油层的暴性水淹,避免因裂缝扩张延伸到上下岩层中而损失大量的注水,同时减少泥岩膨胀的危险而延长套管的使用寿命,井底注入压力一般要低于或接近岩石的破裂压力。采油井的流压要限制在不降低原油生产能力的脱气范围内,因此,注采压差也是保持相对稳定的。下面以朝阳沟油田为例来研究合理的压力控制范围。

据朝阳沟油田投注半年左右的注水指示曲线可知,试验区注水井的拐点油压值多数为8.5MPa,朝44断块注水井的拐点油压值多数为8.5~10.5MPa,拐点油压值表明了油层产生裂缝的压力值范围。由以上压力值计算得到试验区的视泊松比为0.42,朝44断块的视泊松比为0.41。表明无论是油田构造轴部还是翼部的岩层,都具有大体一致的泊松比,取其平均值0.415代入理论公式,得到朝阳沟油田计算岩石发生破裂时的注水井油压界限计算式:

$$p_{iwh} = 9.2 \times 10^{-3} H_m + p_s \tag{6-181}$$

式中 H_m——注水井的油层顶部深度,m;

p_s——注水井的注水摩擦损失压力,MPa。

考虑构造轴部和翼部注水量的差异以及笼统注水与分层注水的压力损失不同,构造轴部和翼部的 p_s 估计值分别为 0.5~1MPa 和 0.3~0.5MPa。根据注水井的 H_m 和不同 p_s 值计算出朝阳沟构造轴部的注水井油压界限值 p_{iwh} = 8.5~9.5MPa,构造翼部的注水井油压界限值 p_{iwh} = 9.5~11MPa。目前,开发区大约有1/3注水井的井口油压已接近 p_{iwh} 值,因此,在注采比高的区块对注水井应采取间歇注水、采油井应采取放产的协调措施,对降低注水井的启动压力及井口油压是有效的。

采油井在不同含水期的合理流压界限,常用井底允许的脱气量来说明,即用分离气体体积占油、气、水三相总体积的百分比来量度。

当加深泵挂超过油层中部深度时,允许的合理流压界限可以降低。随着油井含水率的逐渐升高,合理的流压界限逐渐降低,有利于油井在中高含水期放大生产压差。

朝阳沟油田试验区在含水率为30%以前,当泵吸入口气液比在20%~30%范围内变化时,允许最低流压界限值不低于2,实测值在此流压界限以上,逐步放大生产压差及提高产液量,使试验区在注水开发3年半来取得了平均单井日产油量稳定在4t以上的水平,目前含水率为25%左右,优于方案设计指标。注采压差保持在16~17MPa范围内,未超出注采系统合理压力的上、下界限。

参 考 文 献

[1] Arps J J. Estimation of Primary Oil Reserves[J]. Trans. ,AIME,1956(207):180.

[2] [美]斯利德 H C. 实用油藏工程学方法[M]. 徐怀大,罗英俊,译. 北京:石油工业出版社,1982:223 – 235.

[3] [加]尼德 T E W. 油井开采原理[M]. 赵钧,张朝琛,译. 北京:石油工业出版社,1988:35 – 52.

[4] 陈钦雷,等. 油田开发设计与分析基础[M]. 北京:石油工业出版社,1982:88 – 95.

[5] 金毓荪. 采油地质工程[M]. 北京:石油工业出版社,1985:491 – 492.

[6] 秦同洛,李璗,陈元千. 实用油藏工程方法[M]. 北京:石油工业出版社,1989:154 – 174,311.

[7] 俞启泰. 水驱油田产量递减规律[J]. 石油勘探与开发,1993,20(4):72 – 79.

[8] 杨正明,刘先贵,孙长艳,等. 低渗透油藏产量递减规律及水驱特征曲线[J]. 石油勘探与开发,2000,27(3):55 – 56.

[9] 钟德康. 油田产量递减公式的探讨和应用[J]. 石油勘探与开发,1990,17(6):49 – 56.

[10] 钟德康. 相对渗透率相关方程式的研究与应用[J]. 大庆石油地质与开发,1985,4(4):37 – 45.

[11] 陈元千. 利用不同实用单位制表示的油藏工程常用公式(征求意见稿)[J]. 石油勘探与开发,1988,15(1):73 – 80.

[12] 童宪章. 压力恢复曲线在油、气田开发中的应用[M]. 北京:石油化学工业出版社,1977:273.

[13] 陈元千. 水驱油田矿场经验分析式的推导及其应用(第一部分——基本公式推导)[J]. 石油勘探与开发,1981(2):59 – 67.

[14] [美]霍纳波 M,科德里茨 L,哈维 A H. 油藏相对渗透率[M]. 马志元,等译,秦同洛校. 北京:石油工业出版社,1989:47 – 52.

[15] 钟德康. 水驱曲线的预测方法和类型判别[J]. 大庆石油地质与开发,1990,9(2):33 – 37.

[16] 中国科学院数学研究所统计组. 常用数理统计方法[M]. 北京:科学出版社,1974:98 – 99.

[17] Максимов М Н. Метод подсчета извлекаемых запаоов нефти вконечной стадии зксплуатации нефтяных пластовв условиях вытеснения нефти Водой. Геология нефти и газа,1959,(3):42 – 47.

[18] 俞启泰. 几种重要水驱特征曲线的油水渗流特征[J]. 石油学报,1999,20(1):56 – 60.

[19] 童宪章. 油井产状和油藏动态分析[M]. 北京:石油工业出版社,1982:37.

[20] 黄伏生,赵永胜,刘青年. 油田动态预测的一种新模型[J]. 大庆石油地质与开发,1987,6(4):59 – 66.

[21] 俞启泰,靳红伟. 关于广义水驱特征曲线[J]. 石油学报,1995,16(1):66 – 67.

[22] 俞启泰. 水驱特征曲线研究(五)[J]. 新疆石油地质,1998,19(3):233 – 236.

[23] 侯晓春,张盛宗. 水驱曲线的一种自动拟合法[J]. 大庆石油地质与开发,1994,13(3):35 – 37.

[24] 钟德康,李伯虎. 低渗透砂岩油田可采储量的几种计算方法及效果对比[J]. 低渗透油气田,1998,3(3):29 – 32.

[25] 徐君,高文君,彭玮,等. 两种驱替特征曲线特性对比[J]. 新疆石油地质,2007,28(2):194 – 196.

[26] Leverett M C. Capillary Behavior in Porous Solids[J]. Trans. ,AIME,1941(142):152 – 169.

[27] 陈元千. 水驱曲线关系式的推导[J]. 石油学报,1985,6(2):71 – 72.

[28] 秦同洛,李璗,陈元千. 实用油藏工程方法[M]. 北京:石油工业出版社,1989:51,322.

[29] 陈元千. 油气藏工程计算方法(续篇)[M]. 北京:石油工业出版社,1991:257 – 260.

[30] [美]克雷格 F F. 油田注水开发工程方法[M]. 张朝琛,等译. 北京:石油工业出版社,1981:65,214 – 216.

[31] [美]克纳夫特 B C,豪金斯 M F. 油、气田开发与开采的研究方法[M]. 童宪章,张朝琛,张柏年,译. 北京:中国工业出版社,1963:427 – 428.

[32] 周斌,王元基. 不同经验公式预测原油采收率的精度分析[J]. 石油勘探与开发,1989(1):45 – 49.

[33] [美]克雷格 F F. 油田注水开发工程方法[M]. 张朝琛,等译. 北京:石油工业出版社,1981:95 – 102,125 – 128.

[34] 秦同洛,李璗,陈元千. 实用油藏工程方法[M]. 北京:石油工业出版社,1989:311 – 313,322.

［35］［美］波特曼 F H,等. 二次和三次采油［M］. 北京:石油工业出版社,1982.

［36］陈钦雷,等. 油田开发设计与分析基础［M］. 北京:石油工业出版社,1982:103.

［37］Welge H J. A Simplified Method for Computing Oil Recovery by Gas or Water Drive［J］. Trans. ,AIME,1952
　　　(195):91 - 98.

［38］童宪章. 油井产状和油藏动态分析［M］. 北京:石油工业出版社,1982:38.

［39］钟德康. 储层裂缝性质及开发特征的数值模拟研究［J］. 大庆石油地质与开发,1996,15(4):42 - 45.

［40］［奥］薛定谔 A E. 多孔介质中的渗流物理［M］. 北京:石油工业出版社,1982.

［41］钟德康. 多因素调控的注采比模型与应用［J］. 大庆石油地质与开发,2002,21(2):42 - 43.

［42］钟德康. 注采比变化规律及矿场应用［J］. 石油勘探与开发,1997,24(6):65 - 69.

［43］钟德康. 低渗透油田压力控制的方法及效果［J］. 大庆石油地质与开发,1992,11(4):54 - 57,6.

第七章 信息统筹与效益评价

有关文献[1]指出:"信息可以认为是信息体系中的元素、元素集或子体系"。"信息体系是受人们主观定义约束的秩序类"。文中认为预测的过程就是捕集和归纳信息、推断和应用信息的过程。亦即"预测是利用一定的数据、资料和方法对事物的发展趋势进行科学的推断。"[15]根据油藏动态资料信息的确定性、随机性和模糊性特点,相应出现了优化控制模型(一般解决因果关系的确定性问题)、系统辨识模型(主要解决预测过程的随机性问题)和模糊评判模型(对动态变化的模糊性问题进行数学预测)。对信息(模型方法)的统筹应用及预测,是为了提高经济效益和社会效益。下面以解决6个方面的实际问题为例,得出一些简易实用的方法。

第一节 井网经济优化模型及效益评价

采用水动力学方法提高采油速度及采收率,目前仍然是国内外的低—特低渗透砂岩油田的重要技术之一。包括用较小井距的面积注水进行强化采液(如玉门、大港等油田,注采井距缩小到 150~250m),改变液流方向的高含水关井(吉林乾安等油田,大庆朝阳沟油田朝 5 区块),沿裂缝方向线性注水(玉门老君庙油田、朝阳沟油田构造轴部区块等),合理的周期注水(原苏联的多林纳等油田、美国的斯普拉伯雷油田),进行分层注水和细分层系组合采油(玉门老君庙 M 油藏)等。

按常规布较密的井网能够提高采油速度,但是注采井距小到一定限度时,投资的增加幅度大于采油速度的增长幅度带来的效益,经济效益反而下降,特别是对于效益较差的边际油田,测算取得较大经济效益的最佳井网密度更具有实用意义。结合大庆外围朝阳沟、榆树林油田特低渗透储层(扶余油层和杨大城子油层)砂体多变化,注水方式调整前水驱控制程度较低(50%~70%),渗流阻力较大[空气渗透率一般小于 10mD,导压系数仅为 0.08~0.88 D·MPa/(mPa·s)],单井日产油较低(1~3t),钻井、基建等投资大(井深一般为 1200~2500m)的特点,需要在优化井网部署及合理进行注采系统调整等方面,研究出一套增效实用、合理提高采油速度及经济效益的综合技术,贯彻"少投入,多产出"方针,达到提高边际油田开发效益的目标。

一、数学模型的原理

通过对油田开发经济指标和产量变化规律[2]的综合分析,应用物质平衡原理,建立如下的经济数学模型[3]:

$$Z = v_o N[A(U_o - F_o) - BE_o] - DSK \qquad (7-1)$$

式中　Z——累计利润值，万元；

　　　v_o——采油速度，小数；

　　　N——地质储量，$10^4 t$；

　　　U_o——油价，元/t；

　　　F_o——税金，元/t；

　　　E_o——操作成本，元/t；

　　　A、B——与产量和时间有关的中间变量，小数；

　　　D——井网密度，口/km^2；

　　　S——含油面积，km^2；

　　　K——单井总投资，万元。

根据注采平衡原理和构模原理，导出式（7 – 1）中的参数方程式：

$$v_o = \text{AI}\exp(-\text{BI}G) \tag{7 – 2}$$

$$G = \frac{M + 1}{D(PM + 8 - 0.5\ln D)} \tag{7 – 3}$$

式中　G——井网中间变量，小数；

　　　M——采注井数比，无量纲；

　　　P——生产压差控制因子，小数；

　　　AI、BI——与储层性质、原油物性和井网有关的综合系数，小数。

系数 P、AI、BI 由注采平衡关系式确定。

将朝阳沟、榆树林油田的 17 个开发区块实测数据，代入式（7 – 2）拟合得到采油速度与井网函数关系曲线，其相关系数高达 0.98，得出 $\text{AI} = 0.03$，$\text{BI} = 71.44$，并且实测曲线与式（7 – 2）的理论值曲线呈平行关系。在实际应用时，将油田当前的采油速度值代入式（7 – 2）对 AI 值进行校正，则能够较准确地预测各井网密度和采注井数比的采油速度。

应用极值原理，式（7 – 1）经过数学求导，可得到最大累计利润值的最佳井网密度 D_m 的迭代计算式：

$$D_m = \left\{ \frac{XY\text{AI}I_o\exp(-X/D)\left[A(U_o - F_o) - BE_o\right]}{K} \right\}^{\frac{1}{2}} \tag{7 – 4}$$

由式（7 – 1）求偏导数，可得到经济生命期的预测式：

$$T_m = \left[(U_o - F_o)/E_o - 1\right]/J \tag{7 – 5}$$

式中　X、Y——与井网密度和采注井数比有关的中间变量值，小数；

　　　I_o——储量丰度，$10^4 t/km^2$；

　　　T_m——经济生命期，a；

J——操作成本年上升率,小数;

K——单井总投资,万元。

式(7-1)至式(7-5)组成井网经济优化模型。

二、数学模型的功能

1. 优化最佳井网密度

模型的优化功能是在相同采注井数比及输入相同经济参数条件下,能够测算经济生命期内最大累计利润值的最佳井网密度。图7-1为朝阳沟油田长42—长33区块的井网优化曲线,最佳井网密度为13.3口/km²,对应的注采井距为275m。其他区块也都有类似的变化曲线。

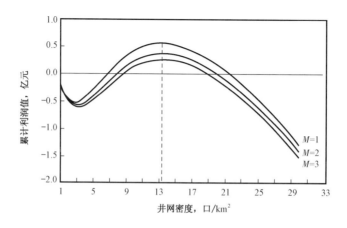

图7-1　朝阳沟油田长42—长33区块不同采注井数
比条件下累计利润值与井网密度关系曲线

2. 预测油田开发指标和经济指标

模型的预测功能是通过应用模型的编程软件,预测采油速度、稳产年限、生产压差、水驱控制程度等系列技术开发指标和经济生命期、经济采收率、累计净现值、内部盈利率等系列经济评价指标。

3. 调整合理采注井数比(注水方式)

模型的调整功能是对不同采注井数比(注水方式)进行方案调整,并确定合理采注井数比。

特低渗透油田的渗流阻力较大,在投产前期要有放产和降压的过程。油藏数值模拟结果表明[4],由高采注井数比改变为低采注井数比的最佳时机是中高含水阶段,因此在开发前期先按反九点注水方式布井,后期进行注水方式调整。图7-2表明,榆树林油田东18区块在最佳井网密度为14.9口/km²条件下,通过注水方式调整,能够取得较大经济效益的合理采注井数比M为1~2。

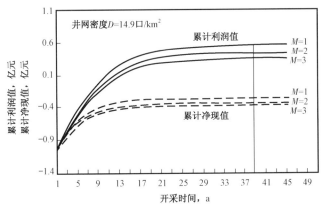

图7-2　榆树林油田东18区块在不同采注井数比
条件下累计利润值、累计净现值与时间关系曲线

三、数学模型的应用

1. 影响最佳井网密度的条件分析

式(7-2)至式(7-4)表明,油田最佳井网密度是由采油速度、油价和操作成本等技术条件和经济条件确定的,其中油田的生产能力对最佳井网密度的测算影响较大。图7-3是在投资条件不变的情况下,不同单井产油量的优化注采井距效益曲线。设某油田的单井日产油为3.6t时,优化注采井距为221m,采油速度提高到2.85%,经济效益变好,累计利润为1.68亿元;当同一油田的单井日产油只有1t时,优化注采井距增大到307m,相应的采油速度降至0.4%,经济效益较差,累计利润为-0.23亿元。由式(7-4)测算表明,当油田的单井产油保持不变时,随着油价的提高或操作成本的降低,优化的注采井距较小,经济效益较大。若降低油价或提高操作成本,则优化的注采井距较大,经济效益较小。

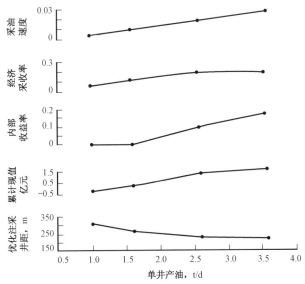

图7-3　不同单井产油量的优化注采井距效益曲线

2. 优化注采井距及合理布井、调整方案

根据表 7-1 的优化井网密度,测算注采井距为 259～297m,并考虑布井方案在后期调整中能够提高水驱控制程度和采油速度,达到方案设计的要求(水驱控制程度大于70%,采油速度增加 0.1%),得出新开发区的优化布井方案(M=3)和采注井数比调整方案(M=2～1)。

表 7-1 新开发区(扶余油层和杨大城子油层)最佳效益井网密度预测

油田	区块	采注井数比	注采井距 m	总井数 口	优化井网密度 口/km²	水驱控制程度 %	单井日产油 t	采油速度 %	最终采收率 %	累计现值 万元
朝阳沟	长42—长33	3	275	177	13.3	73.8	2.5	1.47	21.84	2590.8
	大榆树	3	267	180	14.0	74.8	2.5	1.78	22.02	4064.4
榆树林	东12	3	275	78	13.3	69.9	3.0	1.92	21.83	1172.1
	东18	3	259	68	14.9	71.6	4.0	2.60	22.20	3331.8
	升382	3	278	74	12.9	69.5	2.7	1.79	21.74	510.5
	树127	3	297	42	11.3	67.3	2.5	1.45	21.26	-1307.8
	东162	3	283	112	12.5	68.9	2.7	1.78	21.62	-235.3

例如,长42—长33区块优化注采井距为275m(预测指际见表7-1)。该区块实际设计布井方案为300m井距,该区块属于岩性油藏,相对于构造轴部区块的储油层裂缝发育较差,而且井排方向与裂缝方向夹角为12.5°,在300m井距条件下,考虑适时将注水方式由反九点法改为五点法注水(将 M=3 调整为 M=1),运用优化模型预测,其水驱控制程度由70.4%提高到85.3%,单井日产油由2.5t增加到4.1t,采油速度由1.23%提高到1.33%,在相同经济生命期32年内,经济采收率由15.57%提高到17.11%,累计现值由2072.8万元增加到5041.2万元,累计净现值亏损减少了1525万元,调整效果较好。

3. 注采系统调整的效益评价

注采系统调整的过程就是在注采平衡条件下放大压差生产的过程。当采注井数比由3调整到1时,朝阳沟油田和榆树林油田的生产压差分别增大了3.56MPa和4.75MPa,注采压差接近或低于最大注采压差,其中榆树林油田的放产潜力较大(表7-2)。

表 7-2 优化布井及采注井数比(注水方式)调整效果预测

油田	采注井数比	采油速度 %	生产压差 MPa	注采压差 MPa	最大注采压差 MPa	累计现值 万元	累计净现值 万元
朝阳沟 (2个区块)	1	1.56	9.40	22.94	22.80	12065.5	-13776.3
	2	1.49	6.73	22.42	22.80	8442.3	-15715.0
	3	1.44	5.84	22.25	22.80	6094.7	-16850.3
榆树林 (5个区块)	1	1.90	12.44	29.59	40.16	12952.1	-28785.9
	2	1.82	8.79	28.07	40.16	6840.9	-31977.5
	3	1.77	7.69	27.56	40.16	2692.8	-33944.0

朝阳沟油田和榆树林油田的新开发区通过井网优化测算,优化注采井距和注水方式调整后,按年生产 330 天,预测稳产期为 1.5~3 年,采油速度分别提高 0.12% 和 0.13%,累计现值分别增加 0.60 亿元和 1.02 亿元,累计净现值亏损分别减少 0.31 亿元和 0.52 亿元,取得较好的经济效益(表 7-2)。根据近年投产区块(东 18、树 127)与优化布井方案的指标比较,单井日产油和采油速度都是接近的,表明预测结果符合油田开发实际(表 7-3)。

表 7-3 近年投产区块与优化布井方案指标比较

区块	投产时间	采油井数 口		注水井数 口		单井日产油 t		采油速度 %		
		方案	开井	方案	开井	方案	开井	方案	开井	析算
东 18	1997 年 11 月	56	50	18	15	4.0	3.6	2.76	2.64	2.96
树 127	1997 年 9 月	31	27	10	10	2.5	3.0	1.42	1.26	1.45

第二节 油井重复压裂的合理周期和半径

采油井(层)进行重复压裂是低、特低渗透油田提高增油效益的重要途径。应用油藏数值模拟技术研究了重复压裂的经济界限,即合理压裂周期和合理压裂半径,论证了采油井(层)多次进行重复压裂具有的增油效益。通过对周期性重复压裂井的生产效果、定期效益和次数效益的分析,确定了合理压裂周期。引入增油半径比和模糊关系矩阵处理数值模拟结果,确定了合理压裂半径,评价了油井多次重复压裂及配合放大压差对油田稳产的作用及取得的经济效益。

特低渗透储层在压裂投产后的生产过程中,由于作业施工等原因造成油层伤害堵塞现象,以及前次压裂的裂缝产生闭合作用,都会导致渗透率降低,致使导流能力变小,产油量下降。据岩心分析和矿场试验测试表明,大庆外围低渗透油田的人工压裂裂缝形态主要是垂直裂缝,在储层流体渗流过程中,因部分人工压裂裂缝的支撑剂(石英砂等)流失(发现井底口袋中有大量积砂存在),以及水平应力的挤压作用增大,都会影响裂缝闭合。为了解堵井筒周围储层和提高渗流能力,需要多次进行重复压裂增产。

为了探讨和确定重复压裂油井合理的压裂周期及压裂次数、压裂半径等问题,分别在朝阳沟油田和榆树林油田建立模拟模型和机理模型进行油藏数值模拟研究[5]。

一、合理压裂周期

1. 模拟模型和历史拟合

选择朝阳沟油田朝 5 断块朝 74—朝 78 井排的区域作为模拟区块。模拟区块的面积为 2.1km²;石油地质储量为 182.2×10^4t,平均有效厚度为 9.4m,平均空气渗透率为 11.8mD,平均有效孔隙度为 18.1%,有 18 口采油井和 8 口注水井。将该区扶余油层的 18 个油层(FⅠ2-7、FⅡ1-5、FⅢ1-5)合并为 10 个数值模拟层,在 300m 正方形注采井距条件下,建立 $37 \times 10 \times 10 = 3700$ 的模拟网格系统,网格步长为 75m。根据模拟区块油水井的静态和动态资料,有关的矿场试验和室内实验资料,建立了模拟模型。

模拟区块储层裂缝渗透率虽然具有较明显的东西方向性,但因储层基质主要为孔隙介质,所以能够应用 VIP 三维三相黑油模拟软件进行该区开采历史拟合,通过改变模拟层裂缝渗透率及传导率,拟合和预测了压裂井层的动态变化。

从 1988 年至 1993 年进行了 6 年的动态历史拟合,其中对朝 76 – 78 井至朝 76 – 88 井 6 口两次压裂井的地层压力、综合含水率和平均单井日产油等指标拟合的效果都较好,为相同油井(层)条件下的多次重复压裂的动态预测做好了准备。

2. 预测结果的效益对比法

(1)周期性重复压裂井生产效果对比。

采油井按不同的时间间隔安排多次重复压裂以获取增油效果,称为周期性重复压裂。在相同井(层)和注水条件下能够取得较大经济效益的重复压裂周期称为合理压裂周期。从累计产油量、平均单井日产油、综合含水率等生产指标对比看出,合理压裂周期为每隔 1.5~2 年重复压裂一次。

(2)周期性重复压裂井定期效益对比。

从表 7 – 4 中相同生产年限的各项效益对比看出,合理压裂周期为每隔 1.5~2 年重复压裂一次,按压裂油井控制的地质储量 100.56 × 10⁴t 计算,平均采油速度能够提高 0.2% 左右。重复压裂井的总利润按不同油价计算,仍以每隔 1.5~2 年重复压裂一次的最高,单位利润(每口井压裂一次)分别达到 17.11 万~35.37 万元。压裂周期为 1 年的效益较低。

表 7 – 4 采油井周期性重复压裂定期效益对比表(朝阳沟油田数值模拟)

压裂周期 月	压裂井数 口	压裂次数 次	生产年限 a	累计增油 10^4t	平均每次压裂累计增油 10^4t	平均单井增油 t	平均采油速度增值 %	平均产油综合递减率 %	综合含水率 %	累计注水 $10^4 m^3$	单位成本 万元/(次·口)	单位利润 万元/(次·口)	总利润 10^4 元
未重复压裂	0	0	7	0	0	0	0	6.3	24.4	52.42	0	0	0	0
12	6	7	7	1.17	0.167	0.76	0.17	2.9	24.9	52.58	18.5	6.93	-0.87	291.21	-36.39
18	6	5	7	1.77	0.354	1.15	0.25	-0.07	19.8	50.80	18.5	35.37	18.85	1061.01	565.41
24	6	4	7	1.35	0.337	0.88	0.19	-0.8	19.7	49.14	18.5	32.86	17.11	788.55	410.55

注:单位利润和总利润分别按油价 1100 元/t 和 820 元/t 计算。

(3)周期性重复压裂井次数效益对比。

从相同压裂次数的各项效益对比看出,合理压裂周期仍然是每隔 1.5~2 年重复压裂一次,其压裂油井的平均年利润按不同油价可以达到 78.06 万~159.73 万元。

3. 合理压裂周期的开发特征和效果

(1)控制压力界限开采,降低产量综合递减率。

采油井在合理压裂周期的重复压裂过程中,控制注采井的流压在压力界限范围内(朝 5

模拟块注水井的上限值是22MPa,采油井的下限值是1MPa),通过逐步放大注采压差和生产压差,做到了注水、压裂、放产协调生产,取得了较好的多次重复压裂效果(图7－4)。

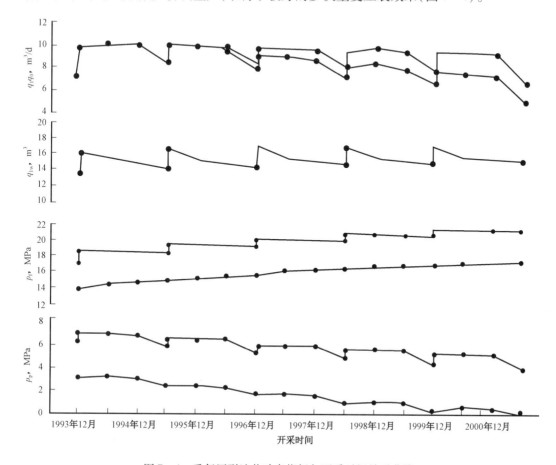

图7－4 重复压裂油井动态指标与开采时间关系曲线

在相同井(层)和注水条件下,若采油井压裂未放产或只放产不进行重复压裂,甚至未放产、未压裂,其开发效果明显变差。重复压裂井比未重复压裂井的平均年产油综合递减率明显减小。未重复压裂井的年均产油综合递减率为6.3%,压裂周期为1.5~2年的重复压裂井年均产油综合递减率能够减小到－0.8%。

(2)发挥压裂放产作用,提高采油速度。

压裂放产的过程是降低渗流阻力和提高驱油动力的过程,通过放大生产压差来实现。相对于未重复压裂井而言,合理压裂周期的重复压裂井生产压差较大(后期重复压裂由3.9MPa提高到4.7MPa),驱油能量发挥较充分,提高采油速度的增值较大,如采油速度在初期重复压裂能够提高0.27%,后期重复压裂能够提高0.48%。

(3)改善开发效果,降低了含水上升率。

从图7－5综合含水率与采出程度关系曲线看到,合理压裂周期为1.5~2年的重复压裂井开发效果较好,在相同含水率条件下的采出程度较高,后期重复压裂的综合含水率较低(19.7%)(表7－4)。

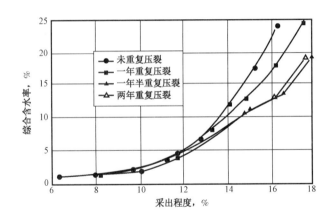

图 7 - 5 重复压裂井综合含水率与采出程度关系曲线

(4)节约能源成本,减少了注水量。

在合理周期的重复压裂过程中,累计注水量相对较少,年注采比相对降低。8 口注水井在相同时间(7 年)内,周期为 1.5 ~ 2 年的重复压裂井比周期为 1 年的重复压裂井少注水 $(1.78 ~ 3.44) \times 10^4 m^3$(表 7 - 4),按 1m³ 水 6.9 元计,可节约能源成本 12.3 万 ~ 23.7 万元。

二、合理压裂半径

1. 300m 和 250m 井距的机理模型。

选择榆树林油田树 32 区块,其扶杨油层划分为 8 个油层组,平均有效厚度为 16.1m,平均空气渗透率为 3.03mD,平均有效孔隙度为 11% ,单储系数为 $5.68 \times 10^4 t/(km^2 \cdot m)$。在此基础上建立数值模拟机理模型。分别设计 300m 井距和 250m 井距的注水井组(采油井 4 口,注水井 5 口),并考虑实际的注采能力和压力界限,按五点法方式注水,设计 50m 的网格步长。为了区分储层渗流能力的差别,设定 300m 井距与 250m 井距的传导系数比为 4:1。4 口油井分别按 75m、125m 和 175m 的压裂半径进行重复压裂测算。在 6 年时间内用 1.5 年的合理压裂周期重复压裂 4 次,各方案的预测结果见表 7 - 5。

表 7 - 5 重复压裂井方案及增油效益预测

油田	地质储量 $10^4 t$	重复压裂井数 口	平均单井增油 t/d	年增油 $10^4 t$	采油速度增值 %	油价 元/t	压裂成本 万元/口	年利润 万元
朝阳沟	1368	60	1.2	2.38	0.17	1000	18.5	177.6
榆树林	1450	40	2.0	2.64	0.18	1000	21.3	576.2
合计	2818	100	1.5	5.02	0.18	1000	19.6	753.8

2. 增油半径比与模糊关系矩阵

为了定量化分析不同压裂半径的增油效益,引入增油半径比指标,即油井重复压裂后的累计增油量与压裂半径之比。压裂支撑半径越大,说明压裂液用量越大,加砂量越多,压裂成本越高。增油半径比大,说明压裂后的增油效益好。同时要考虑其他影响因素,为此需要综合评判各压裂半径的增油效益。选择表7-4中主要影响压裂效益的4项开发指标,确定各项指标的权重:累计产油量为30%,累计注水量为20%,综合含水率为20%,增油半径比为30%。按表7-4中的数值算得各压裂半径的隶属函数值并绘制图7-6,以此建立压裂初期的模糊关系矩阵 $R^{[6]}$ 。

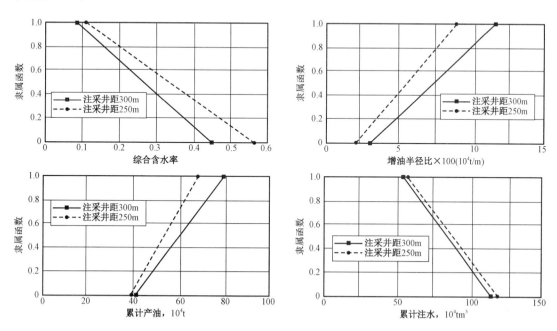

图7-6 不同注采井距的隶属函数关系图

300m 井距:

$$R_1 = \begin{bmatrix} 0 & 0.04 & 0.09 \\ 1 & 0.95 & 0.88 \\ 1 & 0.98 & 0.92 \\ 0.05 & 0.03 & 0 \end{bmatrix}$$

250m 井距:

$$R_2 = \begin{bmatrix} 0 & 0.05 & 0.06 \\ 1 & 0.95 & 0.89 \\ 0.93 & 1 & 0.95 \\ 0.05 & 0.05 & 0 \end{bmatrix}$$

将 R 作为模糊变换器,权数 A 表示向量:

$$A = (0.3, 0.2, 0.2, 0.3)$$

则 300m 井距方案输出的归一化结果为：

$$B_1 = A \cdot R_1 = (0.343, 0.337, 0.320)$$

250m 井距方案输出的归一化结果为：

$$B_2 = A \cdot R_2 = (0.332, 0.348, 0.320)$$

评判结果表明，不同渗流能力的两种注采井距都以压裂半径为 75m 和 125m 的压裂增油效益较好（评判分数分别为 0.343 和 0.348）。两种井距的压裂增油效益都以压裂半径为 175m 的较差（评判分数为 0.320）。据压裂末期的模糊关系矩阵，同样得出相似的评判结果。因为传导率越低的储层，渗流能力越差，在注采井距较小（250m）条件下，仍需要较大的压裂半径（125m），才能够取得较好的增油效益。

1993 年，大庆井下作业公司在东 16 井区选择了 3 对地质条件接近的井，进行压裂改造规模试验❶，3 口试验井的支撑缝长控制在 80m 左右，对比井的支撑缝长控制在 110m 左右，试验井压裂后初期平均单井日增油 14.2t，采油强度为 1.02t/(d·m)，略低于对比井的平均单井日增油（14.9t）、采油强度[1.06t/(d·m)]，但前者的经济效益高于后者。从数值模拟和矿场试验表明，能够取得较大经济效益和增油效果的合理压裂半径选择 80～120m。

三、重复压裂次数与增油效益

1. 各次重复压裂效果的变化形式

由于非均质储层压力场和饱和度场随时间的变化，导致每次重复压裂效果呈随机分布。数值模拟表明，在低含水阶段含水率影响较小的情况下，虽然压裂增油效益无一定规律性，但井层经过了多次重复压裂的单位利润值是提高的（图 7-7）。

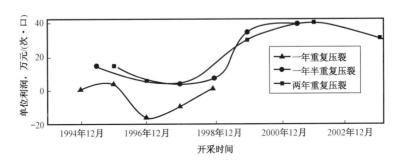

图 7-7　采油井每次重复压裂单位利润与开采时间关系曲线

图 7-8 为朝 88-74 井和朝 84-74 井多次进行重复压裂的采油动态曲线，每次重复压裂相同层段，虽然其增油效果各不相同，但都起到了长期稳产的作用。

2. 各次重复压裂井的增油效益

数值模拟中的 6 口重复压裂井是位于非裂缝方向注水受效的油井，通过多次重复压裂，除了个别井次以外，中低含水期的每次重复压裂都能够获得增油效果和经济效益，平均单井日增

---

❶ 引自王家齐等编写的《1993 井下作业地质年报》，大庆石油管理局，1993 年 12 月。

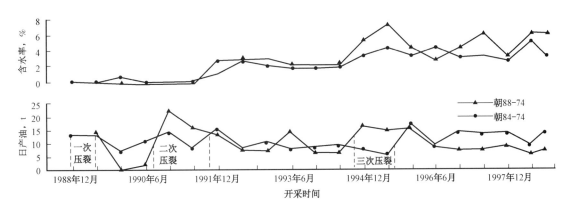

图 7 - 8 朝阳沟油田朝 5 区块多次压裂井动态变化曲线

油 0.7 ~ 1.2t。

数值模拟结果与矿场多次重复压裂效果基本一致。例如,在朝阳沟油田主体区块的 257 口采油井中,近几年来已有 135 口采油井进行过重复压裂,其中二次压裂井 67 口,三次压裂井 68 口,重复压裂后平均单井日增油 1t 左右❶,统计进行二次、三次重复压裂相同井层的 55 口采油井,压裂周期一般为 2.5 ~ 3 年,其中二次压裂平均单井日增油 0.85t,单井年利润 7.65 万元;三次压裂平均单井日增油 0.59t,单井年利润 - 0.25 万元(数值模拟表明,压裂周期为 2.5 ~ 3 年的三次压裂,平均单井日增油 0.58t,单井年利润 - 0.67 万元),低于数值模拟压裂周期为 1.5 ~ 2 年的效果(二次压裂平均单井日增油 0.97t,单井年利润 11.27 万元;三次压裂平均单井日增油 0.73t,单井年利润 3.95 万元)。拟合结果不仅验证了模型的可靠性,同时也说明合理压裂周期为 1.5 ~ 2 年的增油效益较好。

预计在朝阳沟油田和榆树林油田的新老开发区块,每年安排 100 口油井进行重复压裂,每趟管柱按压裂 3 层计算,则能够提高采油速度 0.2%,扣除成本、操作费和税金,年利润达到 753.8 万元(表 7 - 5)。

第三节 油层合采优选的技术经济效果

结合大庆外围油田储量丰度低的葡萄花、扶余油层合采有效开发问题,系统地进行了合采优选建模分析及油藏数值模拟研究和经济评价,分析了合采井层间干扰作用的影响程度和降低层间干扰的办法。通过技术经济指标对比,强调了同井分采、同步抽油是最佳采油方式。成果指明了储量低丰度合采井有效开发的关键技术是选择合理的井网和井距,对储层裂缝有明显方向性的扶余油层具有实际意义。文中阐明了基础井网的有利转注时机,以及合采井进行井网加密转注的最佳时机和井网加密范围。研究成果❷对"三低"油藏(低丰度、低渗透、低产)的经济有效开发具有借鉴作用。

大庆外围油田目前未开发探明地质储量 $6.77 \times 10^8 t$,其中,葡萄花和扶余两套油层叠合区

---

❶ 引自邓明胜等编写的《朝阳沟油田 1998 年地质半年报》,大庆石油管理局第十采油厂,1998 年 7 日。

❷ 引自钟德康等所著的《大庆外围油田葡、扶油层合采优选技术研究》,大庆石油管理局勘探开发研究院,2002 年。

储量在 $2.0 \times 10^8 t$ 左右,占 29.5%。这部分未动用储量主要集中在肇州、永乐、宋芳屯和模范屯等油田内,油藏分布面积大,约 $900 km^2$;储量丰度低,仅有 $(24 \sim 52) \times 10^4 t/km^2$;投产第一年单井日产油葡萄花、扶余油层分别为 3.8t 和 1.8t 左右。葡萄花、扶余油层的中部深度分别为 1450m ~ 1850m,间隔 400m 左右。两套层系的岩性和物性差异都较大,葡萄花、扶余油层有效厚度分别为 1.8m 和 9.7m,有效孔隙度分别为 19.6% 和 12.6%,储层空气渗透率分别为 55.1mD 和 1.91mD,地下原油黏度分别为 6.0mPa·s 和 4.4mPa·s,原始地层压力分别为 13.0MPa 和 18.2MPa。若靠常规采油技术进行单一层系开发,从技术上和经济效益考虑将难以有效动用大部分储量。为此,在肇州等油田开辟葡萄花、扶余油层机械采油合采试验区的同时,在室内开展了系统的油藏数值模拟研究和经济效益分析,总结出葡萄花、扶余油层同井采油优选技术,从两个方面进行论述。

一、不同采油方式技术经济效益评价

1. 两套层系的采油方式对比方案

经研究认为,葡萄花、扶余油层两套层系开采的采油方式归纳为 4 种情况,详见表 7 - 6。

表 7 - 6　葡萄花、扶余油层两套层系的采油方式及效果比较

序号	采油方式名称	采油工艺	封隔器	层间干扰	投资情况	经济效益
A	同井合采笼统抽油	较简单	无	有	较小	较好
B	同井分采同步抽油	较复杂	有	无	较大	好
C	同井单采分期抽油	较简单	无	无	较小	较差
D	分井单采同期抽油	较简单	无	无	大	较差

根据表 7 - 6 的 4 种采油方式,设计 5 个对比开发方案,将各方案的技术经济效益进行评价(表 7 - 7)。

表 7 - 7　葡萄花、扶余油层不同采油方式技术经济效益评价表

方案编号	采油方式	累计采油 $10^4 t$	总投资 万元	总成本 万元	总利润 万元	静态回收期 a	动态回收期 a	内部收益率 %	累计净现值 万元	净现值率 %
①	分井单采同期抽油(P)	2.74	846.6	3094.5	461.5	6.9	—	7.6	-73.8	-3.3
②	分井单采同期抽油(F)	4.66	1078.6	4808.6	1248.0	8.0	—	10.7	-21.1	-0.7
③	同井合采笼统抽油(P + F)	5.64	1078.6	5532.5	1799.5	5.4	7.9	17.6	358.5	10.4
④	同井分采同步抽油(P + F)	7.40	1118.6	6879.8	2736.6	3.9	4.8	28.6	865.5	20.5
⑤	同井单采分期抽油(P、F)	5.31	1078.6	5287.8	1613.1	10.6	—	11.0	-67.5	-2.3

若设计两套井网的开发方案(①和②),分别单采葡萄花油层和扶余油层,评价一个单元井组(3 口采油井和 1 口注水井)开采 20 年的经济效益(油价设为 1300 元/t)。当与同井合采井组的方案③对比,虽然分井单采的累计产油量共增加了 $1.76 \times 10^4 t$,但由于两套井网的总投资和总成本显著增加,累计净现值共减少 453.4 万元。方案①和方案②若与同井分采的方案④的效益相比较,就差距更大,都表明了分井单采的经济效益较差(表 7 - 7)。

2. 同井采油方案的技术经济效益分析

为了全面评价两套层系用一套井网开发的技术经济效益,将葡萄花、扶余油层同井采油设计为同井合采、同井分采和同井单采 3 种方案(③、④、⑤)。它们的区别在于:同井合采和同井分采都是葡萄花、扶余油层同时开采 20 年;同井单采是扶余油层先单独开采 10 年,然后上返葡萄花油层再单独开采 10 年。从表 7－7 可以看出,由于同井分采、同步抽油的采油工艺技术克服了层间干扰,使方案④的累计产油量明显提高,经济效益最佳。方案⑤与方案③对比,虽然同井单采、分期抽油也能够克服层间干扰,但因葡萄花、扶余油层开采时间缩短,导致累计产油量降低,在总投资和总成本接近的条件下,总利润降低,经济效益变差。

3. 层间干扰的影响因素及避免干扰的措施

1)层间干扰使合采井生产能力降低

油井在生产过程中,因各层段在井层中汇聚的产量产生了相互阻滞作用,造成生产能力降低的现象称为层间干扰。关于井的干扰现象,在国外早期的文献中,就分析过油田开发实践中的干扰问题,认为"干扰现象影响到多孔介质中流体的总动态,这就是储油层动态全部问题的基础。"[7] 根据葡萄花、扶余两套油层组合开采的州 16 试验区地质、动态资料,建立了 300m × 300m 反九点注水井组的地质模拟模型。数值模拟结果表明,当单采葡萄花油层或扶余油层时,生产压差较大,产液量较高。当葡萄花、扶余油层合采时,由于相互干扰制约结果,使生产压差降低,总液量减少。无论是投产初期还是后期的边、角井,基本都有上述类似的变化趋势。图 7－9 表明,葡萄花、扶余油层笼统合采的产量变化曲线低于分采的产量叠加曲线,就是层间干扰的结果,干扰系数为 0.24。

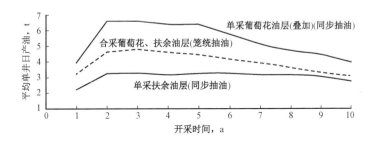

图 7－9 葡萄花、扶余油层同井合采和同井分采产量变化曲线(油藏数值模拟)

2)动液面上升是合采井层间干扰的表现

设油井分采或合采的泵挂深度位于油层中部深度且泵以上为油柱,则式(7－6)成立:

$$p_{wf} = \frac{L_e - L_f}{100} \gamma_o + p_c \qquad (7-6)$$

式中 p_{wf}——抽油井流压,MPa;

L_e——泵挂深度,m;

L_f——动液面深度,m;

p_c——套管压力,MPa;

γ_o——井筒原油密度，t/m^3。

由式(7-6)整理后，得到动液面计算式：

$$L_f = L_e - \frac{100(p_{wf} - p_c)}{\gamma_o} \qquad (7-7)$$

将葡萄花、扶余油层的中部深度值分别代入式(7-7)，根据油藏数值模拟预测各油层组流压数据算得开采至第10年时，各阶段单采或合采的角井和边井的动液面数值。计算结果表明，无论是角井还是边井，葡萄花、扶余油层合采时的动液面要高于单采时的动液面。因为合采时井筒中液体流动阻力较大，两套层系的产量相互干扰造成动液面升高，生产压差减小，总产液量下降。

3) 降低层间干扰的工艺和管理措施

据有关文献[8]报道，两层分采同步抽油技术采用封隔器分隔压力系统相互干扰的两个油层，封隔器上下分别为空心抽油泵和普通管式泵同步分采两个油层，就能克服层间干扰。截至2000年底，该技术先后在大庆油田和辽河油田应用18口井，工艺成功率达100%，并见到了较好的开采效果：据8口井施工前后合采和同步分采对比，平均单井日产液由14.5t增至19.1t，日产油由6.2t增至10.9t，含水率由57.2%降到42.9%。

肇州油田州16、州2—州211等试验区通过采取长跨距油层分层注水、下封隔器单泵或双泵分采工艺技术，对扶杨油层压裂投产等措施，使葡萄花、扶余两套油层均发挥了各自的生产能力，有效避免了层间干扰。如州16井区(试验油井11口，注水井2口)从1996年底投产至目前，两套油层均保持了与单采井区基本一致的开发规律，表明葡萄花、扶余油层一套井网分层注水开发可行。在现有合采井区中，既要始终坚持分层注水，又要合理调整注、采井的工作制度，通过放大生产压差降低动液面，减小和克服层间干扰的影响。如永乐油田的2口单泵分抽试验井(永56-96、永86-84)，试验前后泵径分别由38mm和32mm增大到44mm和38mm，使动液面分别由井口和518m下降到895m和931m，使单井日产液量分别由6.2t和7.5t提高到26.4t和18.0t，日产油量分别由5.0t和5.4t增加到24.3t和12.7t，含水率由稳定到降低，取得了好的调整效果。单泵分抽比双泵分抽的工艺设备投资较少，又能够节省一半左右的作业费用，推广应用前景较好。

二、葡萄花、扶余油层合采的合理井网部署

1. 合采井的合理井网和井距

肇州等油田葡萄花、扶余油层进行合采(泛指同井分层合采和笼统合采而言，下同)开发，对于葡萄花油层的井网适应范围较大，而扶杨油层因单储系数较小，水驱控制程度较低，储层裂缝具有方向性，则对井网条件要求较高。通过研究表明，旋转反九点井网适宜作合采井的基础井网(油水井数比$M=3$)[图7-10(a)]，通过角井转注后，能够变为交错排状驱井网(油水井数比$M=1$)[图7-10(b)]，其注水井排方向井距较大，约350m，与扶余油层裂缝方向保持一致；油井排的油井与注水井连线呈45°，注采井距较小，约247m，油井受4个方向的交错注水

驱油,有利于提高水驱控制程度。扶杨油层和葡萄花油层的注水开发,都能够较好适应这种规则井网,并具有井网加密调整的灵活性,油井加密后,形成排状驱井网,使油井排与注水井排的垂直井距缩短到 175m 左右(油水井数比分别为 $M=2$ 和 $M=1.5$)[图 7-10(c)、图 7-10(d)]。

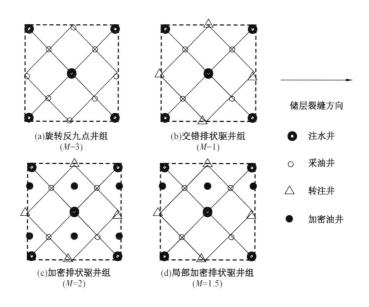

图 7-10 肇州油田葡萄花、扶余油层合采井组井网设计和调整示意图

实践表明,若按基础井网为旋转 45° 的反九点设计肇州等油田开发,当角井井距不大于350m、边井井距不大于250m 时,合采葡萄花、扶余油层的水驱控制程度能够分别达到 70% 以上。因此,分析认为角井为 350m、边井为 247m 和角井为 300m、边井为 212m 的两套基础井网的井距,在开发技术上都是有效井距。

2. 合采井基础井网的有利转注时机

应用油藏数值模拟方法,对葡萄花、扶余油层合采的有利转注时机进行研究。在旋转 45°的反九点井网(角井为 350m 井距、边井为 247m 井距)的基础上设计方案 X1(投产同步转注)、方案 X2(投产后含水率为 30% 时转注)、方案 X3(投产后含水率为 60% 时转注)和方案X4(基础井网未转注)4 个对比方案。其中,方案 X2 将基础井网角井转注[图 7-10(b)]的开发曲线效果最好(图 7-11),转注时的含水率为 30% 左右是较有利的转注时机。为此,分别测算了上述两套有效井距都是投产后含水率为 30% 转注(X2、Y2)及开采 15 年的技术、经济指标(表 7-8、表 7-9)。综合评价结果认为,基础井网角井为 350m、边井为 247m 的井距是最佳的注采井距,其技术指标和经济指标较好。若当井距缩小到角井为 300m、边井为 212m时,导致单井控制储量减小,含水率上升较快,加上井间干扰影响,降低了单井产油量,在井组单元油井数不变条件下,必然降低累计产油量,使经济效益下降。应当指出,油井转注后,加强以分层注水为基础的生产管理,仍然是合采井增油增效的保障。

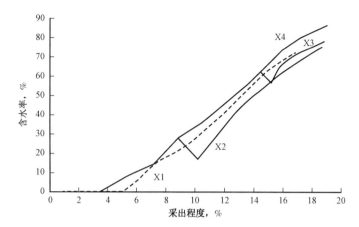

图7-11 肇州油田葡萄花、扶余油层合采井组转注不同时机开发效果曲线(油藏数值模拟)

X1—投产同步转注;X2—含水率为30%时转注;X3—含水率为60%时转注;

X4—原井网未转注(原井网为旋转反九点,转注后为交错排状驱)

表7-8 葡萄花、扶余油层合采井组转注和井网加密转注开发效果预测表

方案编号	调整前注水方式	注采井距		调整后注水方式	井距		调整前后			井网密度 口/km²	单井日产油 t	含水率 %	累计产油量 10⁴t
		角井 m	边井 m		注水井 m	注采井 m	采油井数 口	注水井数 口	油水井数比				
X2	旋转反九点	350	247	交错排状驱	350	247	6~4	2~4	3~1	16.3	2.7	65.1	7.66
Y2		300	212		300	212	6~4	2~4	3~1	22.2	2.0	76.4	6.49
Z2	旋转反九点	350	247	全面加密排状驱	350	247~175	6~8	2~4	3~2	16.3~24.5	2.2	80.8	9.76
J2		300	212		300	212~150	6~8	2~4	3~2	22.2~33.3	1.5	88.6	7.90
J2		350	247	局部加密排状驱	350	247~175	6~6	2~4	3~1.5	16.3~20.4	2.3	75.3	8.72

表7-9 葡萄花、扶余油层合采井组转注和井网加密转注经济指标评价表

方案编号	总投资 万元	总成本 万元	总利润 万元	百万吨产能投资 万元	静态回收期 a	动态回收期 a	内部收益率 %	累计净现值 万元	净现值率 %
X2	2157.2	8542.8	2310.6	33.4	4.7	6.9	18.7	530.2	8.7
Y2	2157.2	7659.7	1541.3	33.3	5.1	9.2	14.8	201.1	3.5
Z2	3175.8	11432.9	2405.3	49.1	7.0	—	11.4	−71.5	−0.9
J1	3175.8	10026.9	1180.4	49.1	8.0	—	6.7	−575.1	−7.7
J2	2646.5	9971.1	2391.0	40.9	6.0	10.1	14.6	255.2	3.6

3. 合采井的井网加密转注时机和范围

在旋转反九点井网(角井为350m、边井为247m井距)基础上,同样用数值模拟方法测算了方案 Z_1(投产同步加密转注)、方案 Z2(投产后含水率为30%时加密转注)和方案 Z3(投产后含水率为60%时加密转注)3个对比方案,得出较大井距全面加密转注方案 Z2 的开发曲线效果较好(图 7 – 12)。对于投产后含水率为30%时的加密转注井,又用数值模拟方法分别测算了较小井距全面加密转注方案 J1 和较大井距局部加密转注方案 J2 以及方案 Z2 的技术、经济指标(表 7 – 8、表 7 – 9)。将这 3 个方案综合评价得出,方案 J2 的开发效果和经济效益都较好。这就表明,当葡萄花、扶余油层合采井网的滚动开发方案是选择局部加密转注方案时,即能够取得较好的开发效果和较高的经济效益。

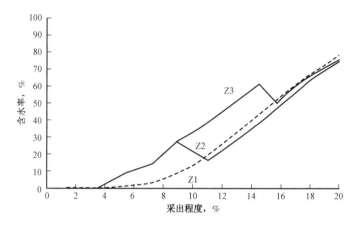

图 7 – 12 肇州油田葡萄花、扶余油层合采井组加密
转注不同时机开发效果曲线(油藏数值模拟)
Z1—投产同步加密转注;Z2—含水率为30%时加密转注;
Z3—含水率为60%时加密转注(原井网为旋转反九点,加密转注后为排状驱)

第四节 油藏工程后评价模型及效益分析

结合 Y 油田投产几年后的生产动态实例,对层系井网、注水方式、产能建设等主要开发问题的合理性评价进行建模预测、方法研究和效益分析,给出了井网系统优化评价方法、开发效果综合评价方法等油藏工程的技术经济方法和评价指标,形成了简便实用的油田开发效果后评价方法系统[1]。通过油田应用和验证,评价方法具有较大的经济效益。

油藏工程后评价是油田开发建设项目后评估的重要组成部分,又是检验油田开发方案设计及实施效果是否合理的关键技术。在总结经验和差距的基础上提出调整措施意见,表明研究和应用油藏工程后评价方法,是进一步提高油田技术经济效益的必要途径,其中数学模型预测是影响评价效果的关键问题。Y 油田孔隙度低(油层平均孔隙度为 19.7%)、渗透率低(平均空气渗透率45mD),平均有效厚度为3.8m。现对油田投产 3 年来的生产实践情况进行后评估。

---

[1] 引自钟德康等所著的《Y 油田油藏工程后评价方法研究及效益分析》,大庆石油管理局勘探开发研究院,2015 年。

一、层系井网的合理性评价

1. 层系划分的适应性

(1)应用沉积体系分析法,对开发井进行沉积微相研究及层组划分,将Y油田91区块的P油层划分成上、下两个砂岩组共计6个小层,确定主力油层为PⅠ2、PⅠ3和PⅠ4层,与原方案设计基本一致。

P油层是以薄层为主的中低渗透储层,由北向南厚度减薄,层数逐渐减少,该区主力油层有效厚度钻遇率在85%以上。单层有效厚度小于2m薄层占总有效厚度的78.5%,占总层数的92%。开发区平均钻遇有效厚度为3.1m,略高于原方案设计3.0m。

(2)据91区块98口注水井吸水剖面资料统计,射开总层数为392层,吸水层数为346层,吸水层数占总层数的88.3%;射开总厚度为303.8m,吸水厚度为281m,吸水厚度占总厚度的92.5%。由320口采油井出油剖面统计,射开总层数为1280层,出油层数为1153层,出油层数占总层数的90%;射开总有效厚度为992m,出油厚度为949.3m,出油厚度占总厚度的95.7%。资料表明,储油层能够较充分地动用。

因区块平均地层厚度小、储量丰度低,各层储集环境、主力层规模、储层物性均相近,原油物性相差不大,以及注水开发3年来未发现单层突进水淹现象,使开发井投产初期平均单井日产油量达到3t以上的较好水平。根据上述情况分析,其层系划分是合理的。

2. 井网系统的优化评价方法

(1)开发目的层P油层主要为前缘相席状砂,油层薄但分布稳定,主力层PⅠ2—PⅠ4层小层钻遇率分别达到90%左右。实施300m×300m正方形面积井网反九点法的水驱控制程度达到82.5%,高于75%的设计指标要求。根据表7-10中的参数拟合可发现,水驱控制程度h_n随井网密度$f($口$/km^2)$呈指数关系变化,计算式为:

表7-10 不同油田(或区块)在不同井网条件下产量变化统计表

油田(或区块)	边井井距 m	井网密度 口/km²	注水方式	水驱控制程度 %	初期产油 t/d	受效前产油 t/d	受效后产油 t/d	恢复程度 %	受效时间 mon
相邻油田Ⅰ	400	6.25	反九点	50.3	5.6	3.3	3.8	67.9	5
相邻油田Ⅱ	350	8.16	反九点	62.8	6.1	3.2	4.4	72.1	5
Y油田	300	11.11	反九点	82.5	5.5	4.0	4.4	80.1	3

$$h_n = 153.1315e^{\frac{-7.0409}{f}} \tag{7-8}$$

式(7-8)的相关系数$R = -0.9951$,剩余标准离差$S = 0.0151$。

注水受效后,300m井距的产量恢复程度较高(表7-10),初期采油速度已达到2%以上的方案设计要求。

(2)井网系统的经济极限评估,主要计算井网密度经济极限值(FM)、井距经济极限值

（L）、单井控制可采储量经济极限值（NK）和单井控制地质储量经济极限值（NG），计算公式如下[9]：

$$FM = \frac{D_o(U-E)NE_RW_I}{(I_D+I_B)(1+R)^{0.5T}S} \tag{7-9}$$

$$L = \left(\frac{10^6}{FM}\right)^{0.5} \tag{7-10}$$

$$NK = \frac{(I_D+I_B)(1+R)^{0.5T}}{D_o(U-E)WI} \tag{7-11}$$

$$NG = \frac{NK}{E_R} \tag{7-12}$$

评价前后平均单井钻井投资（包括射孔、压裂等费用）（I_D）分别为 95.61 万元/口和 102.05 万元/口，平均单井地面建设投资（I_B）分别为 97 万元/口和 98 万元/口，贷款利率（R）为 0.0603，开发评价年限（T）为 10 年，原油商品率（D_o）为 0.99，油价（U）在开发评价前后分别为 18 美元/bbl 和 20 美元/bbl，原油操作成本（E）分别为 293 元/t 和 286 元/t，地质储量（N）分别为 1526×10^4t 和 1577×10^4t，含油面积（S）为 56.4km²，原油采收率（E_R）为 0.31，开发评价年限内单井可采储量采出程度（WI）在评价前后分别为 0.6355 和 0.6726。将以上参数代入式（7-9）至式（7-12）算得各经济极限值，见表 7-11。

表 7-11　评价前后不同油价经济极限值对比

评价时间	油价 美元/bbl	平均单井钻井投资 万元/口	可采储量采出程度 %	单井经济极限可采储量 10⁴t	单井经济极限地质储量 10⁴t	经济极限井网密度 口/km²	经济极限井距 m	平均单井经济极限日产油 t
前	18	95.61	63.55	0.5	1.62	16.7	244.7	1.33
后	20	102.05（部分压裂）	67.26	0.43	1.39	20.11	223.0	1.21

尽管油价、投资成本和产量都在发生改变，但后评估的经济极限值仍然优于评价前的方案值。综上所述，无论是技术指标还是经济指标都表明，井网系统的设计是比较合理的。

二、注水方式的合理性评价

1. 面积注水方式的效果分析

（1）P 油藏属于孔隙型储层，应选择正规的面积注水方式。后评估表明，采用反九点法的面积注水方式，在注水受效 5 个月时间内，产油量能够恢复到初期产量的 80.1%。水驱储量控制程度达到 80.1%，能较好地实现保持油层能量开发。反九点法注水方式有利于中后期调整为五点法注水，能够进一步扩大水淹波及体积，取得较好的水驱效果。

（2）通过计算合理油水井数比，以确定和评价合理的注水方式。合理油水井数比 M 的计算式为：

$$M = \left(\frac{I_w}{J_L}\right)^{0.5} \tag{7-13}$$

将开发井在评价期的平均吸水指数(I_w)10.1m^3/(MPa·d)和平均产液指数(J_L) 0.9m^3/(MPa·d)代入式(7-13),算得油水井数比 M=3.3,与方案设计反九点法的油水井数比 3 很接近,说明所选择的注水方式是合理的。

(3)评价期内的存水率(F)为0.72,略高于方案设计0.7的指标。由于累计产水量降低,评价期前后的水驱指数(M)由1.42上升至1.59,水驱效果较好。计算式如下:

$$F = 1 - \frac{WP}{WI} \tag{7-14}$$

$$M = \frac{(WI - WP)\gamma_o}{N_p B_o} \tag{7-15}$$

式中 WI——累计注水量,10^{4}m^3;

   WP——累计产水量,10^{4}m^3;

   N_p——累计产油量,10^{4}t;

   B_o——地层油体积系数,无量纲;

   γ_o——地面原油密度,t/m^3。

(4)方案实施前后预测的水驱特征曲线[10]趋向于提高采收率方向发展(图7-13),按行业标准 SY/T 6219—1996[11] 规定的水驱状况指标评价,属于开发效果好的油藏。

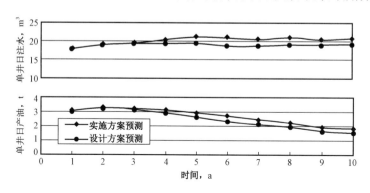

图7-13 Y油田9区块注水、采油能力变化曲线

综上所述,反九点法面积注水方式适应于 P 油层一套层系开发,开发指标达到了方案设计要求。

2. 注水时机选择的评价

对 P 油层的弹性能量进行测算,弹性产量比值为 0.006,采出 1% 地质储量地层压力下降值小于 2MPa。按 SY/T 6167—1995[12] 规定评价,属于天然能量微弱的油藏。另外,测算溶解气驱的一次采收率低于 10%,单位厚度采水指数仅有 0.26m^3/(MPa·d)面,表明该油田属于天然能量较差的油田,因此,按方案设计要求进行早期补充能量的同步注水开发是合理的。

统计有对比资料的 86 口开发井,油井投产初期平均单井日产油 6.0t,注水 2 个月后开始见效,见效时累计注采比为 1.5,受效前平均单井日产油已降为 4.6t(与投产初期相比递减了23.3%),注水受效 5 个月后日产油恢复到 5.0t,恢复到投产初期的 83.3%,平均动液面由受效前的 1107m 上升到 1083m,上升了 24m,综合含水率稳定在 6.1%～6.3%之间。表明选择油井投产时注水井同步注水方式,使压力水平基本保持稳定,产量达到了方案设计要求。

三、产能建设完成情况评价

1. 经济极限产量及注采能力分析

(1)后评估的单井平均产油经济极限值为 1.21t/d,优于评估前方案的经济极限值1.33t/d,虽然投资在增加,但是油价提升是主要影响因素(表 7-11)。计算式为:

$$QN = \frac{(I_D + I_B)(1 + R)^{0.5T}B}{0.0365 L_o D_o T(U - E)} \tag{7-16}$$

式中 QN——单井平均产油量经济极限,t/d;

L_o——采油时率,小数;

B——油水井总数与油井数比值,小数;

0.0365——年时间单位换算系数。

(2)91 区块共有油水井 578 口,投产初期采油井有 420 口,注水井有 158 口,建成生产能力 40.3×10^4t/a,相同井数对比已达到方案设计 40×10^4t 的指标,初期单井日产油 3.2t(方案设计 3.1t),钻井成功率达到 98.3%,由于边部储层砂体的变化较大,有 10 口井是落空井。单井日产油低于 2t 的低效井有 41 口,占总油井数的 9.7%,符合低效井小于 10%的设计指标。其主要分布在油层较薄、渗透率较低和油水井连通程度低于 60%的 3 类区块中。

(3)应用采油强度法算得平均单井日产油量 $q_o = 3.4$t,应用比采油指数法算得平均单井日产油量 $q_o = 3.0$t。表明开发区投产初期平均单井日产油量 3.2t 较符合实际情况,而用理论方法算得 q_o 值偏高,主要原因是未考虑油水井连通程度和油层伤害情况。

应用吸水强度法算得平均单井日注水量 $q_w = 20.1$m³,应用比吸水指数法算得平均单井日注水量 $q_w = 26$m³。应用理论公式法[13]算得平均单井日注水量为 20.4m³。从初期投注 66 口注水井看,平均单井日注水量为 22m³,略高于方案设计的单井日注水量 20m³。

(4)主要注水、采油能力指标好于方案设计指标,分析其原因:一是实际井网对储层砂体的控制程度提高,表现在设计方案的水驱控制程度由 75%提高到实际的 82.5%;二是方案油藏工程部分采用有效厚度值偏低,储层平均有效厚度由方案设计的 3.0m 提高到实际的3.1m。在后评价中应对地质模型和模拟模型的初始静、动态资料进行修正,同时要加强生产管理,保持较好的开发效果。评估前后的单井日产油变化曲线和单井日注水变化曲线如图 7-13 所示,表明注水、采油能力都是同步提高的。

2. 压力界限和注采比变化分析

(1)P 油层油藏压力系数为 0.97,属于正常压力系统。在注水受效条件下,地层压力保持在 10.9～11.1MPa 之间,评价期内注采比在 1.6～1.4 的范围内呈下降变化,属于正常变化范围值。

根据 P 油层相邻各油田 50 口井的压裂资料,回归得到储层破裂压力与井深的关系式:

$$p_r = 7.17 \times (1.001074)^D \qquad (7-17)$$

式中 p_r——油层破裂压力,MPa;

　　　D——井深,m。

将开发区块的油井平均油层中部深度值 1420m,代入式(7-17)得储层破裂压力界限平均值 32.9MPa。在评价期内,注水井的井底流压为 28.9MPa,未超过油层破裂压力。

研究表明,随着含水率上升,采油井的合理流压界限逐渐下降,根据评价期内的含水率状况,合理流压界限范围值是 1~3MPa。统计开发区块 276 口采油井,流压在 2MPa 以上的占总井数的 47%,流压为 1~2MPa 的占 33%,流压在 1MPa 以下的占 20%,多数井在流压界限范围内生产,而全区平均流压值 1.6MPa 在合理界限范围内。

(2)分析注、采井的流压与注采比的关系,按式(7-18)进行回归计算[14]:

$$\lg\left[IPR\left(\frac{B_o}{\gamma_o} + WOR\right)\right] = B_1 + B_2\lg\left(\frac{p_{wi} - p_{wf}}{v_o}\right) + B_3\lg WOR \qquad (7-18)$$

式中 IPR——注采比,无量纲;

　　　p_{wi}——注水井流压,MPa;

　　　p_{wf}——采油井流压,MPa;

　　　v_o——采油速度,小数;

　　　WOR——水油比,无量纲;

　　　B_o——地层油体积系数,无量纲;

　　　γ_o——地面原油密度,t/m^3;

　　　B_1、B_2、B_3——与储层物性和流体性质有关的经验系数,小数。

根据开发区块在评价期内的资料,由式(7-18)拟合得到注采比预测式:

$$IPR = 0.1921\left(\frac{p_{wi} - p_{wf}}{v_o}\right)^{0.3955} \times \frac{WOR^{0.1728}}{\frac{B_o}{\gamma_o} + WOR} \qquad (7-19)$$

式(7-19)的相关系数为 0.9956,剩余标准离差为 0.016。该式反映了各动态参数之间相互制约的变化规律。在注、采井的流压界限内,根据不同采油速度和水油比的变化值,能够预测合理注采比,或者在采油速度和水油比相对稳定条件下,由式(7-19)可以分析注采比与注采压差的变化关系。当合理注采比确定后,就可以得到合理的配注水量。由于评价期内注采井的流压值在合理界限范围内,采油速度达到了设计指标要求,因此根据式(7-19)分析,实际预测注采比或方案预测注采比都是合理的。

四、综合评价方法及稳产调整

91 区块油藏地质特征再认识和油藏工程设计评价表明,开发方案实施后的各项指标基本达到了设计指标,油田开发效果综合评价主要采用以下方法:

1. 开发水平分类评估法

根据 SY/T 6219—1996[11] 的分类方法进行综合评价,开发效果属于二类水平,主要实际指标如下:

(1)采出程度与含水率关系曲线好于设计方案预测指标的曲线(图7-14)。

(2)水驱储量控制程度达到80%以上,水驱储量动用程度达到74%。

(3)能量保持水平和能量利用程度基本能满足油井不断提高产液量的需要,开发过程中不会造成油层脱气,油井生产压差基本稳定在6MPa。

(4)开发前期年产油量综合递减率大于5%,不大于7%;注水井分注率达到75%;配注合格率达到68%;动态监测计划完成率为93%。

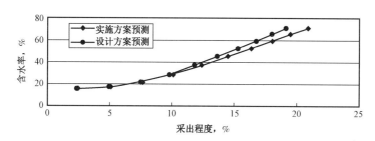

图7-14 Y油田9区块含水率与采出程度关系曲线

2. 项目效益评价法

按油田开发效果、经济效益和社会效益结合方案实施后与原方案对比的原因分析,评估整体效益,通过评估油田开发水平属于二类(表7-12)。

表7-12 油田开发后评估整体效益表

开发水平分类	完成情况	产能误差,%	内部收益率,%	社会效益	原因分析
I	已实施指标等于方案设计指标	±3	>12	好	(1)预测、设计方法合理; (2)油藏、地质描述精细; (3)井网、工艺措施协调
II	已实施指标大于方案设计指标	>3	≥12	较好	(1)预测、设计指标偏低; (2)油藏、地质描述清楚; (3)井网、工艺措施合理
III	已实施指标小于方案设计指标	< -3	<12 >银行利率	较差	(1)预测、设计指标偏高; (2)油藏、地质描述粗略; (3)井网、工艺措施不合理

3. 项目得分评判法

按油田开发技术指标、经济效益指标和质量指标进行综合评价,得出实施效果的综合得分评判表(表7-13)。评价结果表明,Y油田91区块P油层属于实施方案得分为B类开发效果较好的油田。

表 7-13　油田开发方案实施效果得分评判表

序号	评价因素	因素权值(W_j)	评分等级	评分标准	实施方案得分(P_{ij})			设计方案得分(P_{ij})
					A	B	C	
1	投资回收期	0.12	<5 年	5	3	3	3	3
			5~7 年	3				
			>7 年	1				
2	内部收益率 %	0.15	>0.12	5	1	3	5	5
			≥0.12	3				
			<0.12	1				
3	累计利润值	0.13	较高	5	3	3	5	5
			中等	3				
			较低	1				
4	水驱控制程度 %	0.07	>80	5	3	5	3	5
			60~80	3				
			<60	1				
5	能量利用程度 %	0.08	大	5	3	1	3	3
			中	3				
			小	1				
6	采油速度与方案误差 %	0.12	±3	5	1	3	3	5
			>3	3				
			<-3	1				
7	经济采收率 %	0.13	高	5	1	3	5	5
			中	3				
			低	1				
8	措施有效率 %	0.07	>75	5	3	3	5	5
			75~65	3				
			<65	1				
9	分注合格率 %	0.07	>80	5	5	3	3	3
			80~60	3				
			<60	1				
10	监测完成率 %	0.06	>95	5	5	3	1	3
			95~90	3				
			<90	1				
定量评估			$\sum_{i=1}^{10} W_{ij} \cdot P_{ij}$		2.46	2.98	3.84	4.34
			得分相对误差,%		43.3	31.3	11.5	—
定性评价			得分相对误差分级,%		>40	40~20	<20	合理性分析
			效果综合评判		较差	较好	好	

4. 改善油田开发效果的调整意见

目前91区块已投产578口油水井,要继续做好稳油控水工作,重点做好注采结构调整和完善注采系统,提高水驱控制程度,增加水驱储量和提高低效井产能。具体措施如下:

(1 加强开发动态跟踪分析,适时进行水井细分、试配、层段注水量合理调整工作,提高分注合格率。

(2)在注采系统不完善的井区,要继续坚持从单砂体研究入手,采取不规则井点注水方式,降低油水井数比,使水驱控制程度达到70%以上。

(3)根据油田开发需要及保证经济效益的前提下及时对油、水井进行压裂、酸化,油井换泵、堵水,水井增注等措施改造,调整油水井工作制度,以保持较好的开发效果。

(4)要开展薄差层井、高含水井压裂及重复压裂试验,以改善开发效果。

(5)针对个别地区薄差层发育,给油水层解释带来困难,要继续研究新方法,提高油水层解释精度。

第五节 投产井数优化的线性规划

最优化问题是数学规划的重要内容,与预测技术密切相关。根据在问题当中是否包含时间因素,可以分为静态最优化(包括线性规划、非线性规划等方法)和动态最优化(包括变分法、动态规划、极大值原理等方法)。下面对静态最优化中的线性规划问题和数学模型进行分析。

一、线性规划的标准形式

数学方程是解决实际问题的有力工具,参考文献[16],线性规划问题的标准形式如下。

目标函数:
$$\min Z = c_1 x_1 + c_2 x_2 + \cdots + c_n x_n \qquad (7-20)$$

约束条件:
$$\text{s. t:} a_{11} x_1 + a_{12} x_2 + \cdots + a_{1n} x_n = b_1 \qquad (7-21)$$

$$a_{21} x_1 + a_{22} x_2 + \cdots + a_{2n} x_n = b_2 \qquad (7-22)$$

$$\vdots$$

$$a_{m1} x_1 + a_{m2} x_2 + \cdots + a_{mn} x_n = b_m \qquad (7-23)$$

$$x_1, x_2, \cdots, x_n \geq 0 \qquad (7-24)$$

或简写为:

$$\min Z = C^T X \qquad (7-25)$$

$$\text{s. t:} \boldsymbol{A} X = b \qquad (7-26)$$

$$X \geq 0 \qquad (7-27)$$

其中,

$$C = (c_1, c_2, \cdots, c_n)^T \qquad (7-28)$$

$$X = (x_1, x_2, \cdots, x_n)^{\mathrm{T}} \tag{7-29}$$

$$b = (b_1, b_2, \cdots, b_m)^{\mathrm{T}} \tag{7-30}$$

$$A = \begin{bmatrix} a_{11} & a_{12} & \cdots & a_{1n} \\ a_{21} & a_{22} & \cdots & a_{2n} \\ & & \vdots & \\ a_{m1} & a_{m2} & \cdots & a_{mn} \end{bmatrix} \tag{7-31}$$

从以上标准形式可知,同时满足方程 $AX = b$ 及 $X \geq 0$ 的解中,能使目标函数 Z 取最小值的一个,就是该问题的解。

应该指出,当目标函数以 $\max Z$ 形式给出,求的是目标函数的最大值,它等价于求 $(-Z)$ 的最小值,因此可以用 $\min(-Z)$ 来代替 $\max Z$,使之变成标准形式。

对于任一给定的 n 元线性方程组来说,如果 m 个方程都是独立的[如式(7-21)至式(7-23)],那么这组方程可能有唯一解(当 $m = n$ 时)、可能无解(当 $m > n$ 时),也可能有无穷多解(当 $m < n$ 时)。

二、线性规划的图解意义

首先参考文献[16]的例题:用 M_1、M_2 和 M_3 3 种原料,制造 P_1 和 P_2 两种产品。1t 产品所需原料数量及所得收益见表 7-14。要解决的问题是,在给定原料限制下,如何安排每月 P_1、P_2 的产量,可以获得最大收益?

表 7-14 单位产品原料及收益表

产品　　原料	P_1	P_2	月原料供应量
M_1, t	2	9	18
M_2, t	2	4	10
M_3, t	3	2	12
收益	3	4	

按照题意,我们所要确定的是 P_1 和 P_2 两种产品的月产量,分别用 x_1 和 x_2 表示。因此,本题的目标函数即最大收益 $\max Z$ 可表示为:

$$\max Z = 3x_1 + 4x_2 \tag{7-32}$$

单从收益来看,是产量越多越好,但原料的供应有限。要求解安排的两种产品的最佳月产量,还要满足如下的约束条件:

$$2x_1 + 9x_2 \leq 18 \tag{7-33}$$

$$2x_1 + 4x_2 \leq 10 \tag{7-34}$$

$$3x_1 + 2x_2 \leqslant 12 \qquad (7-35)$$

最后,变量需要满足非负数条件:

$$x_1 \geqslant 0 \qquad (7-36)$$

$$x_2 \geqslant 0 \qquad (7-37)$$

式(7-32)至式(7-37)组成了求解两种产品月产量优化问题的数学模型,即线性规划的数学模型。

根据以上例题进行线性规划的图解说明,以增进对基本原理的理解。

在以 x_1、x_2 为坐标轴的平面直角坐标系中(图7-15),分别画出 $2x_1 + 9x_2 = 18$,$2x_1 + 4x_2 = 10$,$3x_1 + 2x_2 = 12$ 三条直线,因此满足约束条件 $2x_1 + 9x_2 \leqslant 18$,$2x_1 + 4x_2 \leqslant 10$,$3x_1 + 2x_2 \leqslant 12$ 的所有 x_1、x_2 必然在三条直线划定的左下方,而非负条件 $x_1 \geqslant 0$,$x_2 \geqslant 0$ 又规定它们必在 x_1 轴上方、x_2 轴右侧。待定求解的 x_1、x_2 值只能在图中圈定的阴影部分内。

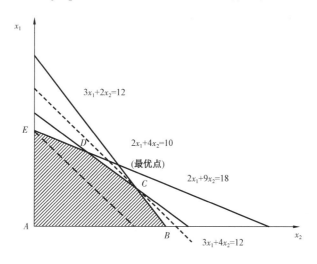

图7-15 线性规划图解原理

因为目标函数 $\max Z = 3x_1 + 4x_2$ 是一个线性方程,假设 $Z = 12$,则可在图7-15中给出直线 $3x_1 + 4x_2 = 12$。向右上方平行移动此线,则 Z 值增大,当移动到 C 点时,Z 取最大值,C 点对应的坐标(x_1、x_2)就是最优解。C 点的坐标值为(3.5,0.75),则 $\max Z = 3 \times 3.5 + 4 \times 0.75 = 13.5$。这就说明了在给定条件下每月生产3.5t第一种产品,0.75t第二种产品,可以得到最大收益13.5。

三、线性规划的油田应用

某油田有 A、B、C3 个开发区块,根据油田稳产总体规划安排,该油田要钻一批加密调整井,3 个开发区块所钻加密调整井数分别设为 x_1、x_2 和 x_3。给定的生产成本总投资是:钻井总费用为 31500 万元,地面基建总费用为 22400 万元,年操作费总费用为 29800 万元。各区块的单井各项成本费用以及投产初期的单井年利润见表7-15。

表 7 – 15　油田投产加密调整井成本和利润明细表

开发区块	钻井费 万元/口	基建费 万元/口	年操作费 万元/口	初期年利润 万元/口
A	80	60	78	25
B	85	60	82	16
C	90	60	80	13
总投资费用,万元	31500	22400	29800	

求解油田各开发区块应该合理增加多少口加密调整井,才能够使该油田所获年利润最大?最大年利润是多少?

根据项目已知条件,设年利润最大的目标函数为:

$$\max Z = 25x_1 + 16x_2 + 13x_3 \qquad (7 - 38)$$

在一定范围内,加密调整井的增加能够有效提高利润,但井数增加量超过了一定范围之后,就会导致成本增加值大于利润增加值,因此要给出优化问题的约束条件:

$$80x_1 + 85x_2 + 90x_3 = 31500 \qquad (7 - 39)$$

$$60x_1 + 60x_2 + 60x_3 = 22400 \qquad (7 - 40)$$

$$78x_1 + 82x_2 + 80x_3 = 29800 \qquad (7 - 41)$$

$$x_1 \geqslant 0 \qquad (7 - 42)$$

$$x_2 \geqslant 0 \qquad (7 - 43)$$

$$x_3 \geqslant 0 \qquad (7 - 44)$$

应用单纯形法或代数消元法求得其最优解为:A 开发区块应钻调整井数 $x_1 = 151$ 口;B 开发区块应钻调整井数 $x_2 = 118$ 口;C 开发区块应钻调整井数 $x_3 = 104$ 口。油田钻加密调整井总数 $X = x_1 + x_2 + x_3 = 373$ 口,油田获得最大年利润 $\max Z = 7015$ 万元。

第六节　油田开发系统的信息统筹

一、油田开发的系统管理

系统工程是认识和改造客观世界的一把金钥匙。因为"系统工程是组织管理系统的规划、研究、设计、创造、试验和使用的科学方法,是一种对所有系统都具有普选意义的方法"(1982 年,钱学森《论系统工程》)。本书在系统分析的基础上,编制油田开发系统管理图,抓住了系统的关键环节,建立了采油系统的时间序列模型,解决了系统工程中作为核心的预测技术问题,并赋予预测方法具有简便性和实用性。最后,将各项开发指标进行经济评价和优选,为油田开发(规划)总体方案设计提供了最佳决策的依据。

1. 油田开发的采油系统

油田系统工程主要包含勘探系统和开发系统两个大的子系统。开发系统从油田开发整体性考虑,大体分为静态系统,动态系统,钻采、地面系统及经济评价系统等子系统(图7-16)。动态系统依据室内、外实验方式和矿场主要动态指标的变化,又分为生产试验系统、注水系统、采油系统、压力系统等小的子系统。其中,采油系统是油田开发系统工程的关键环节,它既是静态系统和动态系统的综合研究项目在油田开发实践中的主要成果体现,又是因为采油系统的数学模型定量地、本质地反映了油田开发动态按时间序列的变化规律,由它对各项开发指标的预测结果,直接为油田建设规划、开发总体方案设计的决策提供科学依据。因此说,采油系统起到了承上启下的作用。下面对采油系统的建模和应用进行评价。

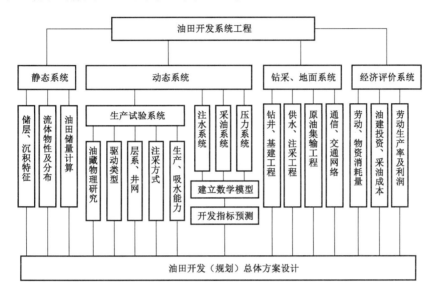

图7-16 油田开发系统管理图

2. 油田开采的阶段划分

根据油田注水开发实践和研究结果,可分4个开采阶段建立采油系统的时间序列模型。4个开采阶段的产量、含水率变化结构图和开采阶段变化规律见图7-17和表7-16。

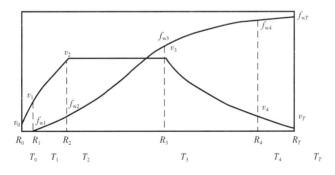

图7-17 油田开采阶段结构图

v_0—初始(第一年)采油速度,%;v_1—初含水率f_{w1}时的采油速度,%;v_2、v_3—稳产期平均采油速度,%;

v_4—经济极限采油速度,%;v_T—极限含水率f_{wT}(取0.98)时的采油速度,%;R_0—初始(第一年)采出

程度,%;R_1—无水采收率,%;R_T—最终采收率,%;T_0—第一年时间;T_1—无水开采年限;T_T—总开采年限

表 7 – 16　油田各开采阶段变化规律及措施条件

序号	阶段名称	采出程度	采油速度	综合含水率	开采时间	主要措施
1	天然能量无水采油阶段	R_0—R_1	$v_0 \rangle v_1$	0	T_0—T_1	新井投产
2	注水恢复压力增产阶段	R_1—R_2	$v_1 \rangle v_2$	低含水	T_1—T_2	注水井转注,新井投产
3	综合调整措施稳产阶段	R_2—R_3	$v_2 = v_3$	中含水	T_2—T_3	加密井投产、增注、分层配产、配注,压裂、转抽、放产
4	高含水期产量递减阶段	R_3—R_T	$v_3 \rangle v_T$	高含水	T_3—T_T	化堵、放产

从表 7 – 16 看到,产量递减阶段是在相同采油井数条件下进行各项开发指标预测的,对油井主要采取化学堵水、补孔、放大生产压差等措施减缓产量递减,相应做好分层注水和注水平面调整的工作。

3. 时序模型的功能特点

油田开发(规划)总体方案设计是一项科学性和综合性较强的决策活动,具有鲜明的社会经济特点,直接关系到搞好国民经济和"四化"建设。然而,正确的决策来源于准确的情报信息和科学的预测。时间序列预测方法是"将预测量按照时间的顺序排列起来得到一个数列,称为时间序列"。本书取其义而对采油系统建立的时间序列模型,具备系统工程的整体性、相关性、历时性、优控性和目的性等功能特点,预测油田的各开发指标都是时间的函数,并具有建模和运算方法的创新性和实用性,主要体现在以下 3 个方面:

第一,研究和建立不同开发阶段的时间序列模型,并将油田的各开发阶段作为一个整体对待,相互衔接而成复合型的时间序列模型。适用于预测老油田和新油田开发全过程的动态指标,即连续描述原油产量递增、稳产和递减三个层次变化阶段的动态指标。不同于一般只适用于单一条件下短期预测的时间序列模型。

第二,根据国家对原油的需求量,用边值算法确定时间序列模型的相应特征值,不需要大量的历史生产数据拟合,能够简便、灵活地调控计算参数,测算出不同方案的指标,通过经济评价进行优选,为油田开发〈规划〉总体方案设计提供最佳决策。

第三,能够较快地连续算出各时间(年或月)对应的产量、累计产量及采油速度、采出程度、综合含水率、总开采年限等开发指标,判别出产量递减的类型。

为油田不同开发阶段(如增产、稳产和产量递减阶段)分别安排切实可行的措施工作量。实践表明,预测精度较高,用计算机汇编程序运算,提高了工作效率。

二、生产阶段的产量时序模型

采油系统的时间序列数学模型主要包括以下 3 个方面的子模型:

1. 瞬时产量模型

包含油田各开采阶段的数学模型,由减速递增模型、稳产模型和递减规律模型组成复合模型(1),连续预测产量上升阶段、稳产阶段和递减阶段的产量变化规律。

采油速度:

$$v(t) = v_1(t), v_2(t), v_3(t) \qquad (7-45)$$

时间:

$$t = T_0—T_2, T_2—T_3, T_3—T_T \qquad (7-46)$$

减速递增模型:

$$v_1(t) = a + b\ln t \qquad (7-47)$$

稳产模型:

$$v_2(t) = v_2 = v_3 \qquad (7-48)$$

递减规律模型:

$$v_3(t) = \frac{v_3}{\left(1 + \dfrac{a_0}{n}t\right)^n} \qquad (7-49)$$

总开采年限:

$$T_T = T_3 + \Delta T = T_3 + \frac{n}{a_0}\left[\left(\frac{v_3}{v_T}\right)^{\frac{1}{n}} - 1\right] \qquad (7-50)$$

式中的特征参数值 a、b(经验常数)以及 a_0(初始递减率)和 n(递减指数)分别由边值算法求得。边值 v_T、R_T 等由相对渗透率曲线测算;v_0、v_2、T_2 和 T_3 由总体方案设计的要求条件给出。

2. 累计产量模型

由瞬时产量模型(1)累加(或积分)得出。

采出程度:

$$R(t) = R_1(t) + R_2(t) + R_3(t) = \sum_{t=1}^{T_2} v_1(t) + \sum_{t=T_2}^{T_3} v_2(t) + \sum_{t=T_3}^{T_T} v_3(t) \qquad (7-51)$$

3. 综合含水率模型

能够连续预测各开采阶段的综合含水率与采出程度关系的变化规律[9]。综合含水率可根据式(7-52)计算:

$$f_w(t) = \frac{1}{1 + e^{-[A + BR(t)^C]}} \qquad (7-52)$$

式中,时间 t 的变化范围值为 $1 \rightarrow T_T$。特征参数 A、B、C 值由 $f_w—R$ 的边界值代入式(7-52)联解得到。

三、油田开发方案的优选决策

1. 开发指标预测与方案设计

用油田实例验证采油系统的时间序列模型的可靠性和实用性,并按不同采油速度或稳产年限的要求,得到经济极限产量和总开采年限是不同的。将两种以上方案预测开发指标需要的工作量和成本利润纳入经济评价系统进行对比分析,择优选出成本低、利润高的方案开发指标进行油田开发(规划)总体方案设计。

实例:某砂岩油田,因为天然能量小,投产后就注水开发。按初期条件设计投产第一年的采油速度 $v_1 = 0.21\%$,综合含水率 $f_{w1} = 0.43\%$ 。因为每年新增投产井,年产量遵循减速递增规律增加,根据国民经济建设对原油的需求量,安排该油田投产第 4 年采油速度达到 2.1% ,且连续稳产 4 年后,在无新增投产井的条件下,年产油量开始综合递减。按上述条件作为测算第一方案的开发指标,并要求测算该油田连续稳产 6 年后年产油量才开始递减作为第二方案的开发指标。

解:据已知条件,由 $T_1 = 1$, $T_2 = 4$, $v_1 = 0.21\%$, $v_2 = 2.1\%$ 代入减速递增模型,解得 $a = 0.0021$, $b = 0.0314$ 。将用室内驱替实验资料求得的边值 $R_T = 40\%$ 和 41.5% , $v_T = 0.134\%$ 代入递减规律模型及其积分公式,按第一方案条件解得 $n = 8.0071$, $a_0 = 0.0739$,按第二方案条件解得 $n = 6.0006$, $a_0 = 0.0894$ 。因递减指数 n 在 $1 \sim \infty$ 范围内变化,属于双曲线递减类型。

又据已知条件,将 $R_1 = v_1 = 0.21\%$, $f_{w1} = 0.43\%$, $R_T = 40\%$, $f_{wT} = 98\%$,极限含水上升率 $\mathrm{d}f_{wT}/\mathrm{d}R_T = 0.18$ (据室内驱替实验资料求得)等边值代入式(7 – 52)及其微分表达式联立解方程组,得第一方案的水驱特征参数 $A = 3.2889$, $B = 6.6805$, $C = 0.3207$ 。用同样方法可算得第二方案的水驱特征参数值。

将以上解得的特征参数分别代入式(7 – 45)、式(7 – 51)和式(7 – 52),预测该油田的采油速度、采出程度和综合含水率随历年时间的变化规律如图 7 – 18 所示(每个采油速度和综合含水率的数据点代表一年的时间)。

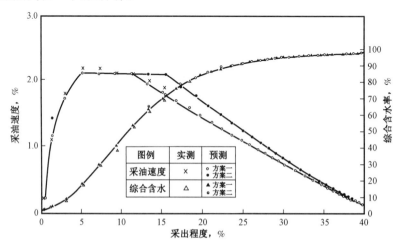

图 7 – 18 ××砂岩油田采油系统开发指标变化图

2. 开发方案的优选和实施

由图 7 - 18 及计算结果分析如下：

（1）油田从投产至极限含水率时不同开发阶段的采油速度和综合含水率随采出程度（或时间）的变化规律明确。在图 7 - 18 上可以直读 $f_w \sim R$ 的变化值，其曲线的斜率即为含水上升率。

（2）各项开发指标的预测值与实测值基本一致，预测精度较高，最大相对误差小于 10%，平均相对误差为 - 1.3% ~ 4.7%，符合油田开发设计要求。

（3）根据两种方案的产量上升、稳产阶段预测的采油速度，用九点法井网布井，安排历年投产的采油井和注水井数（表 7 - 17）。

表 7 - 17 ××油田历年投产、投注井安排

时间序列，a		1	2	3	4	5	6	7	8	9
采油速度，%		0.21	1.16	1.71	2.1	2.1	2.1	2.1	2.1	2.1
累计投产	采油井，口	73	400	590	727	749	777	804	831	884
	注水井，口	24	133	197	243	250	259	268	277	295
年投产	采油井，口	73	327	190	137	22	28	27	27	53
	注水井，口	24	109	64	46	7	9	9	9	18

（4）由式（7 - 50）按第一方案测算的总开采年限为 51 年，极限含水率为 95% 时的采油速度为 0.13%，高于经济极限采油速度 0.068%。按第二方案测算的总开采年限为 47 年，极限含水率为 95% 时的采油速度为 0.14%，高于经济极限采油速度 0.078%。说明上述两个方案在油田含水率为 95% 时都有经济效益。

（5）通过经济评价表明，第二方案比第一方案多投产 80 口油井、多投注 27 口注水井，包括这 107 口井的钻井费用，地面基建投资、管理维修费用等总投资为 45380.15 万元。但第一方案比第二方案多耗费 4 年的管理维修费用共 30372.02 万元。比较结果，第二方案比第一方案多获利润 9008.13 万元，多采出 1.5% 可采储量。因此，应推荐第二方案作为总体开发（规划）方案设计的依据。

参 考 文 献

[1] 翁文波. 预测论基础[M]. 北京：石油工业出版社，1984：4.

[2] 钟德康. 油田产量递减公式的探讨和应用[J]. 石油勘探与开发，1990，17（6）：49 - 56.

[3] 钟德康，李保树，李艳华. 井网经济优化模型的应用研究[J]. 大庆石油地质与开发，1999，18（6）：32 - 34.

[4] 钟德康，李伯虎. 朝阳沟油田注采系统调整效果[J]. 石油勘探与开发，1998，25（5）：53 - 56.

[5] 钟德康，李伯虎，李艳华. 采油井重复压裂的经济界限研究[J]. 低渗透油气田，2000，5（1）：65 - 69.

[6] 贺仲雄. 模糊数学及其应用[M]. 天津：天津科学技术出版社，1983.

[7] [美]麦斯盖特 M. 采油物理原理[M]. 北京：石油工业出版社，1979.

[8] 郭伟，于振东. 两层分采同步抽油技术研究与应用[J]. 石油钻采工艺，2001，23（1）：60 - 62.

[9] 李道品，等. 低渗透砂岩油田开发[M]. 北京：石油工业出版社，1997.

[10] 钟德康. 水驱曲线的预测方法和类型判别[J]. 大庆石油地质与开发,1990,9(2):33－37.

[11] SY/T 6219—1996 油田开发水平分级[S].

[12] SY/T 6167—1995 油藏天然能量评价方法[S].

[13] 陈元千. 利用不同实用单位制表示的油藏工程常用公式[J]. 石油勘探与开发,1988,15(1):73－80.

[14] 钟德康,周锡生,李艳华. 多因素调控的注采比模型与应用[J]. 大庆石油地质与开发,2002,21(2):42－43.

[15] 刘豹. 系统工程概论[M]. 北京:机械工业出版社,1987.

[16] 王众托,张军. 系统管理[M]. 沈阳:辽宁人民出版社,1985.

第八章　油田开发的实验模拟

油田开发实验有室内物质(岩心等)装置实验和矿场开辟生产试验区实验,用数学模型模拟实验资料的数据成果,称为油田开发的实验模拟。本章介绍了用岩心实验对比开发动态资料模拟油水相对渗透率曲线方法,研究了用毛细管压力实验算式资料模拟油水和油气相对渗透率曲线,用实验综合方法预测最大可采储量,用数值模拟方法进行油田注采系统的调整。

第一节　岩心实验动态模拟油水相对渗透率曲线

文献[1]在对多孔介质渗流物理的研究中,指出"均质多孔介质中层流的理论是以达西(Darcy,1856)的古典实验为基础的"。长期以来,众多学者拓展了达西定律的应用研究,产生的油水相对渗透率曲线和公式则是油藏工程学与油田开发应用的重要理论基础之一。在水驱油田开发中,油水两相相对渗透率曲线能够用于储油层的含水饱和度变化、水淹状况和剩余油分布的分析,用于产量预测和评价开发效果,用于油田(区块)和单井的油藏数值模拟研究。美国学者 M. 霍纳波等详细阐述了岩石相对渗透率(一相、两相和三相)的测量方法与影响因素分析[2],主要工作是通过室内实验完成的。但是,相对渗透率曲线的测定(多采用非稳定流恒速法、恒压法或稳定流法、毛细管压力法等),要从地下深层取出岩样到室内经过岩心处理和实验,需要投入大量财力和人力。在曲线应用过程中,还要选出若干条有代表性的曲线采取适当的方法进行平均计算,有实验过程的分类平均,还有公式计算的平均[3],再将得到的去标准化的相对渗透率平均曲线用于油藏数值模拟和产量预测。即便如此,在应用中经常会产生室内实验曲线与矿场动态变化的较大偏差。作者曾经用室内实验的油水两相相对渗透率平均曲线进行上万个结点的油藏数值模拟研究工作,深感调试工作量较大,最后得到近似的结果,主要原因是岩心实验相对渗透率曲线与油田实际资料模拟存在结构性差异(两者反映油田地下渗流特征的程度不同和数学模型结构不同)。要得到预测精度较高的油水两相相对渗透率曲线,应将渗流理论结合油田经验统计规律进行研究。

一、油水相对渗透率曲线的动态模拟公式推导

1. 基本回归公式与等效采出程度

根据油流和水流的达西定律,文献[4]首先导出在忽略毛细管压力、重力和弹性影响的水驱油分流量方程式:

$$f_w = \frac{1}{1 + \dfrac{\mu_w K_{ro}}{\mu_o K_{rw}}} \qquad (8-1)$$

式中　f_w——含水率,小数;

μ_w、μ_o——地层油、水的黏度,mPa·s;

K_{rw}——水的相对渗透率,无量纲;

K_{ro}——油的相对渗透率,无量纲。

在水驱稳定渗流条件下,通过地面水油比的换算,分流量方程式能够改写成油水相对渗透率比值的表达式[5,6],即式(6-53):

将油水两相的相对渗透率经验公式[对琼斯(Jones)的修正式❶推广得到的经验计算式为[6]:

$$K_{rw} = \left(\frac{S_w - S_{wi}}{1 - S_{wi}} \right)^m \qquad (8-2)$$

$$K_{ro} = \left(\frac{1 - S_w - S_{or}}{1 - S_{wi} - S_{or}} \right)^n \qquad (8-3)$$

式中　S_w——岩心水驱油含水饱和度,小数;

S_{wi}——岩心的束缚水饱和度,小数;

S_{or}——岩心的残余油饱和度,小数;

m、n——与储层岩性和流体性质相关的经验常数。

用容积法计算储量的公式[7],经推导得到式(5-59)和式(5-60)[6],将式(5-59)、式(5-60)代入式(8-2)、式(8-3)再相除得到式(5-61),将式(6-53)代入式(5-61)得到水油比表达式[6]:

$$WOR = \frac{\mu_o B_o \gamma_w R^m}{\mu_w B_w \gamma_o \left(1 - \dfrac{R}{E_R} \right)^n} \qquad (8-4)$$

式中　WOR——地面水油比,无量纲;

B_o、B_w——地层油、水的体积系数,无量纲;

γ_o、γ_w——油、水的相对密度,无量纲;

R——采出程度,小数;

E_R——最终采收率,小数。

将式(8-4)移项取对数,改写为线性回归式:

$$\ln \left[WOR \left(1 - \frac{R}{E_R} \right)^n \right] = k + m\ln R \qquad (8-5)$$

式中　m、n、k——与储层岩性和流体性质相关的经验常数。

式(8-5)中的常数 k 为:

$$k = \ln \left(\frac{\mu_o B_o \gamma_w}{\mu_w B_w \gamma_o} \right) \qquad (8-6)$$

---

❶ 引自张朝琛、陈元千、贾文瑞等编写的《油藏工程方法手册》(上册),石油部油田开发技术培训中心,1980年,130~131页。

将式(8-6)代入式(6-53),易得水油比的预测式:

$$WOR = EXP(k) \cdot \frac{K_{rw}}{K_{ro}}$$ (8-7)

油田常规的最终采收率对应含水率为0.98,经测算研究,为了提高油田应用的预测准确率,要用0.98对式(8-7)的含水率进行校正,校正后的含水率预测式为:

$$f_w = \frac{0.98}{\frac{K_{ro}}{K_{rw}} \cdot EXP(-k) + 1}$$ (8-8)

为了在相同条件下对比分析和检验模拟油水两相相对渗透率的预测精度,文中采用等效采出程度。联解式(5-59)和式(5-60)得到采出程度计算式:

$$R = \frac{1}{\frac{1 - S_w - S_{or}}{\left(1 - \frac{S_{or}}{1 - S_{wi}}\right)(S_w - S_{wi})} + \frac{1}{E_R}}$$ (8-9)

研究表明,式(8-5)和式(8-9)适用于各种类型砂岩油田模拟预测。为适应低黏度砂岩(或碳酸盐岩)类型油田的特殊应用,下面再推导一组模拟预测算式。参考张朝琛等编写的《油藏工程方法手册》(上册)得到经验统计算式为:

$$K_{rw} = \left(\frac{S_w - S_{wi}}{1 - S_{wi}}\right)^4$$ (8-10)

$$K_{ro} = \left(1 - \frac{S_w - S_{wi}}{1 - S_{wi}}\right)^2 \left[1 - \left(\frac{S_w - S_{wi}}{1 - S_{wi}}\right)^2\right]$$ (8-11)

要使式(8-10)和式(8-11)具有普遍意义,同时将式(5-59)代入,改写为以下表达式:

$$K_{rw} = R^m$$ (8-12)

$$K_{ro} = (1 - R)^2(1 - R^2) \approx (1 - 2R)^n$$ (8-13)

再将式(5-59)代入式(8-12)和式(8-13),得到水和油的相对渗透率算式,即式(8-2)和式(8-14):

$$K_{ro} = \left[1 - 2\left(\frac{S_w - S_{wi}}{1 - S_{wi}}\right)\right]^n$$ (8-14)

将式(8-13)代入式(8-14),有式(8-15)成立:

$$1 - 2R = 1 - 2\left(\frac{S_w - S_{wi}}{1 - S_{wi}}\right)$$ (8-15)

联解式(5-59)和式(8-15)得到采出程度算式:

$$R = \cfrac{1}{\cfrac{1 - 2S_w + S_{wi}}{S_w - S_{wi}} + 2} \qquad (8-16)$$

将式(8-12)和式(8-13)相除再代入式(6-53),得到水油比表达式:

$$\mathrm{WOR} = \frac{\mu_o B_o \gamma_w R^m}{\mu_w B_w \gamma_o (1 - 2R)^n} \qquad (8-17)$$

将式(8-17)移项取对数,改写为线性回归式:

$$\ln(\mathrm{WOR}/R^m) = k - n\ln(1 - 2R) \qquad (8-18)$$

式(8-18)的 k 常数关系式与式(8-6)相同,含水率的预测与式(8-8)相同。

动态模拟的油水两相相对渗透率曲线同样遵循常规的统计规律[2,7,8],见式(6-91)。式(6-91)在半对数坐标轴上用动态模拟数据拟合,呈现很好的线性关系。将式(6-9)代入式(6-53),对 S_w 取偏导数得到含水上升率预测式,即式(6-109)。根据水驱油前沿推进理论,由 Welge 公式[9]得到式(6-110)。将式(6-109)代入式(6-110)得到油层平均含水饱和度与前沿出口端含水饱和度关系式,即式(6-111)。

应用式(6-111)能够检验 S_w 及含水上升率的变化规律。

2. 其他参数计算公式

在式(8-5)和式(8-9)中要用到最终采收率 E_R 值,老油田可采用动态法预测 E_R 值,例如采用文献[10,11]推荐的多次幂指数型广义水驱特征曲线的经验公式,即式(3-57)拟合预测。

新油田可采用静态法估算 E_R 值,例如采用文献[12]推荐的我国油气专业储量委员会办公室(1985)的经验公式进行计算预测:

$$E_R = 21.4189 (K/\mu_{oi})^{0.1316} \qquad (8-19)$$

式中　K——绝对渗透率,mD;

μ_{oi}——原始原油黏度,mPa·s。

在上述各式中还要用到束缚水饱和度 S_{wi} 和残余油饱和度 S_{or} 作计算参数,它们可由室内岩心实验得出。S_{wi} 值也可以用毛细管压力法和测井方法估算,还可以用式(8-20)计算❶得到:

$$S_{wi} = V_m/\mathrm{PV} \qquad (8-20)$$

式(8-20)采用油基钻井液取心产油砂岩,用甑蒸法分析岩样的含水量。V_m 为水的容积(单位:mL),PV 为岩样的孔隙体积(单位:cm^3)。

残余油饱和度可以通过文中联解式(5-59)、式(5-60)或用式(8-16)在最终采收率条件下都能够推导得到以下估算公式:

$$S_{or} = (1 - S_{wi})(1 - E_R) \qquad (8-21)$$

---

❶ 引自张朝琛、陈元千、贾文瑞等编写的《油藏工程方法手册》(中册),石油部油田开发技术培训中心,1980 年。

对于未经过增产措施的新油田,式(8-21)的计算值偏大。参考相关资料[❶],根据大庆长垣喇嘛甸、萨尔图、杏树岗油田 63 个岩心样品测试的 14 条油水相对渗透率平均曲线数据回归运算,相关系数达到 0.9433,得出适合新油田(砂岩油田)的经验算式:

$$S_{or} = (1 - S_{wi}) - 1.43 [E_R (1 - S_{wi})]^{1.058} \qquad (8-22)$$

二、模拟油水相对渗透率曲线及特征分析

1. 动态模拟方法

为了便于对比分析,本书选择了高、中、低油水黏度比砂岩油田(或碳酸盐岩油田)的动态资料进行模拟研究,所选砂岩油田有大庆油田的南二、三区葡一组,吉林扶余油田的扶余油层,苏联康斯坦丁诺夫油田的 D_2 层。首先,将各类型油田的采出程度和含水率资料数据,分别应用式(8-5)和式(8-18)进行线性回归,通过对 n 值或 m 值的调整试算,使式(8-5)或式(8-18)的相关系数大于 98% 时,即可求得经验常数 m、n、k 值(表8-1)。m、n、k 值又可以用式(8-4)或式(8-17)的二元回归对数方程解得。计算表明,分别应用中低含水阶段和低含水至高含水阶段的资料进行拟合的预测值基本相同。

将 m、n 值代入式(8-2)、式(8-3),以 S_w 值为自变量,分别算得砂岩油田的 K_{rw} 和 K_{ro} 值。将 m、n 值代入式(8-2)、式(8-14),以 S_w 值为自变量,分别算得低黏度砂岩或碳酸盐岩油田的 K_{rw} 和 K_{ro} 值。再将 k 值代入式(8-7),结合式(8-8)算得含水率。为了便于对比,可设模拟与岩样的束缚水饱和度 S_{wi} 和残余油饱和度 S_{or} 取相同值。利用上述数据绘制出动态模拟的油水两相相对渗透率曲线(图8-1至图8-3)。

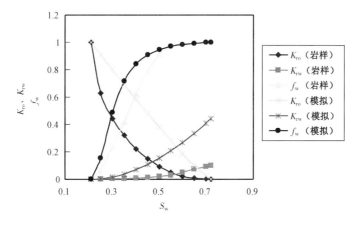

图 8-1 扶余油田模拟相对渗透率曲线

2. 特征参数及曲线形态

分析图 8-1 至图 8-3,看到动态模拟的油水两相相对渗透率曲线与室内岩心样品实验测定的各条油水两相相对渗透率曲线存在不同程度的差异,反映出由水驱特征参数(m、n、k)

[❶] 引自刘桂芳、燕坤景和宫文超编写的《大庆油田不同油层油水相对渗透率曲线测定分析报告》,大庆石油管理局科学研究设计院,1982 年,21 页,15 页。

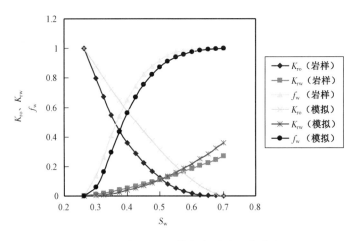

图 8 - 2　南二、三区模拟相对渗透率曲线

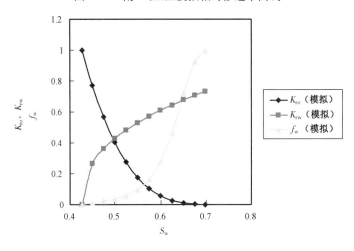

图 8 - 3　康斯坦丁诺夫油田模拟相对渗透率曲线

控制的含水饱和度变化历程不同于岩心单管渗流特征控制的含水饱和度变化历程。在同一数学模型应用条件下(如在 S_{wi} 和 S_{ro} 分别相同条件下求得的两组油水相对渗透率曲线),表明室内实验曲线主要是岩心样品的微观渗流特征,动态模拟曲线主要是油田的宏观产量特征,而前者"测量相对渗透率用的岩心在流体分布、次生孔隙度等方面可能不代表储层"[2],后者更能接近油田实际情况。另外,也应看到,若选用有代表性的岩心样品作室内实验的相对渗透率曲线,与动态模拟相对渗透率曲线能够缩小差距。例如,选择岩心测试的相对渗透率曲线资料❶,与对应油田的南二、三区葡一组的开发数据❷测算,分别绘制出两组油水相对渗透率曲线就比较接近(图 8 - 2)。但是油相相对渗透率曲线偏差较大,水相相对渗透率曲线后期出现偏差,导致含水率曲线在初期至高含水阶段出现

❶ 引自张宝胜、常洪军和张永武编写的《大庆油田开发规划研究资料手册》(第一册),大庆石油管理局勘探开发研究院,1990 年,318 ~ 321 页。
❷ 引自钟德康所著的《油水相对渗透率曲线的动态模拟公式和预测效果》,大庆油田有限责任公司勘探开发研究院,2016 年 1 月。

偏离,同样降低了预测油田产量的准确率(图8-4)。从图8-4看出,用高、中、低油水黏度比的砂岩油田动态资料模拟测算的油水两相相对渗透率曲线,对应的含水率和采出程度的曲线形态分别为凸形、S形和凹形。各种模拟曲线形态变化特征与用式(3-57)作出的多次幂指数型广义水驱特征曲线基本相同。

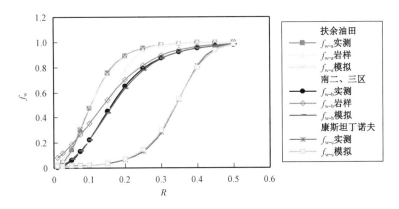

图8-4 各地质类型油田模拟相对渗透率曲线预测产量效果图

3. 含水上升率变化曲线

现以南二、三区葡一组的开发资料的应用为例,将模拟测算数据用式(6-9)拟合,油水两相相对渗透率比值的对数与含水饱和度的线性相关系数高达0.9911,克服了岩心实验资料用式(6-91)绘制的曲线两头出现弯曲的末端效应。动态模拟的含水率和含水上升率变化曲线如图8-5所示(含水上升率最大值在5左右,为便于在同一个坐标轴上展示,已将含水上升率值缩小至1/6)。通过查图计算,在极限含水率为0.98时对应的$S_w = 0.625$,将拟合常数$b = 20.25$、含水率$f_w = 0.98$一起代入式(6-111),算得平均含水饱和度$\overline{S}_w = 0.675$,与用作图法得到的$\overline{S}_w$值相同,表明前沿推进理论的计算方法适用于动态模拟的油水相对渗透率曲线。

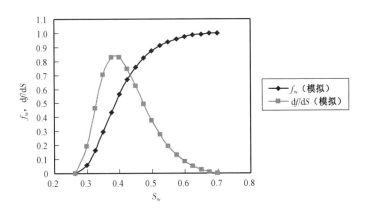

图8-5 南二、三区葡一组模拟含水上升率变化图

三、模拟油水相对渗透率曲线的预测效果

1. 水驱特征曲线预测

用式(8-9)或式(8-16),分别算出不同地质类型油田随 S_w 变化而变化的采出程度 R,与用式(8-8)算得的含水率 f_w 换算成水油比 WOR,再应用式(3-57)拟合运算(使相关系数大于98%),就能够较准确地预测油田实际的不同含水率对应的采出程度变化曲线,这种变化规律与实测值应用广义水驱特征曲线[如式(3-57)]作的曲线图形保持一致。因此,由图8-4看到,各油田的动态模拟曲线与实测曲线高度符合,岩样测试曲线与实测曲线存在不同程度的偏差,表明应用动态模拟油水两相相对渗透率曲线预测产量和最终采收率具有较高的精度(表8-1)。

表8-1 油田动态资料模拟油水两相相对渗透率曲线预测效果表

油田		扶余			南二、三区			康斯坦丁诺夫		
含水率为95%时采出程度%	实际	25.03			40.02			45.19		
	岩样	26.32			37.11			—		
	模拟	25.22			39.92			45.98		
含水率为98%时采出程度%	实际	31.55			51.15			48.21		
	岩样	29.79			45.72			—		
	模拟	31.39			50.11			49.33		
油水黏度比	实际	36.7			14.5			—		
	预测	35.5			13.9			—		
油田动态资料模拟常数	相关系数	0.9880			0.9945			0.9910		
	常数符号	m	n	k	m	n	k	m	n	k
	数值	1.8705	1.1517	3.7901	1.9381	1.4813	2.9731	0.4132	-3.0982	-3.3446

2. 油水黏度比预测

应用式(8-6),能够预测地层原油黏度 μ_o。表8-1中的扶余油田和南二、三区油田 μ_o 的预测值与实测值很接近,表明文中的公式符合地下渗流特征。

3. 油藏数值模拟设计

主要有两方面的作用:一是应用动态模拟油水两相相对渗透率曲线,使油藏数值模拟研究和方案设计能够达到较高的水平,提高了预测油水产量的准确率,使水淹层和剩余油分布的研究得到改善。二是减少了从室内实验到方案设计过程的较大工作量,同时降低了油田开发成本;在批量的区块和单井调整过程中,节约了无效工作和时间。因此说,动态模拟油水两相相对渗透率曲线在油藏数值模拟方面的应用,具有较好的预测准确性和高效性。要做好这项工作,首先应确定符合油田的 S_{wi}、S_{ro}、E_R 参数,结合选用优良的水驱特征曲线进行预测。

第二节　毛细管压力实验算式模拟相对渗透率曲线

储层岩石的油水或油气的相对渗透率特性及变化曲线,是油田开发设计中测算油田采收率和开发动态的最重要参数之一。测定相对渗透率曲线的主要方法有室内模型驱替实验法和毛细管压力资料数学模型计算法。本书对后者的可行性在符合程度和实用价值两个方面进行了简要分析,结合大庆外围油田的资料,对毛细管压力计算方法的选择条件、应用实例和精度分析、关键参数确定等项内容进行了讨论。

一、毛细管压力数学模型及基础资料

1. 毛细管压力方法的可行性分析

(1)符合程度较好。

由稳定流或非稳定流的驱替实验法[2]得出的相对渗透率曲线的理论基础是达西定律;由压汞或离心机实验[2]得到的毛细管压力资料来数学模拟相对渗透率曲线,其理论基础是建立在毛细管束孔隙结构模型和达西定律基础上的,较实际地反映了地下渗流特征(见下面的推导公式)。室内模型驱替实验方法得到的相对渗透率曲线,在精度方面的局限性表现在作为开发设计,要对一系列作出的相对渗透率曲线求其平均值。因为这个平均值受样品的数量及渗透率非均质性影响很大,所以很少有代表性;这种平均法更难以满足发展起来的数值模拟计算分井分层的开发指标。用 $J(S_w)$ 函数处理后的毛细管压力 p_c,综合地反映了油藏的渗流特性,用它代入积分公式模拟相对渗透率曲线,具有应用的普遍性。只要计算参数选择得当,就为测算油田开发指标提供了较可靠的基础资料,符合油藏工程(尤其是新油田)的实用要求。

(2)实用价值较大。

用毛细管压力资料可以计算多相相对渗透率曲线,储备以后科研深入开展的大量信息,填补实验室难以完成的油气两相和油气水三相相对渗透率曲线测定,满足油气田开发设计的要求。毛细管压力数学模型计算法适应数值模拟发展的要求,在数值模拟计算中,具有不同渗透率及孔隙度的各个油层最好能输入各自相应有代表性的相对渗透率曲线,这样大的工作量,用室内模型驱替实验法测定是难以完成的。从经济效益来看,毛细管压力资料的数学模型方法,可以做到节约人力、资金和时间,操作简便,计算速度快,提高了工作效率。

(3)提高预测精度有空间。

毛细管压力数学模型结构反映了油田地下渗流特征的程度,岩心渗透率、孔隙度、润湿性、流体黏滞性、界面张力、油层温度、压力梯度、饱和度历程等因素的相互制约影响问题,是否具有主导性或次要性的地位,在文献[2,13]等中曾经有研究和报道。因此,改善现有毛细管压力数学模型的准确性及克服末端效应是提高预测油田动态准确率的途径。选择有油田代表性的岩心样品(润湿性为亲油或亲水),按不同类型模型做好毛细管压力实验测试的技术工作,是提高预测精度的保证,在这两个方面仍然存在创新技术的研究空间。

2. 孔隙结构数学模型

在储油岩层中,假设孔隙介质是由几条长度相等、半径不一的毛细管组成,则总流量符合以下孔隙结构数学模型[1]:

$$q = \frac{(\sigma\cos\theta)^2 \Delta p}{2\mu L^2} \cdot \sum_{i=1}^{n} \frac{V_i}{(p_c)_i^2} \tag{8-23}$$

式中 p_c——毛细管压力,MPa;

σ——界面张力,mN/m;

θ——润湿角,(°);

μ——流体的黏度;

L——毛细管长度;

Δp——压差。

在此毛细管系统中,流体流动应服从达西定律,即:

$$q = \frac{KA\Delta p}{\mu L} \tag{8-24}$$

比较式(8-23)和式(8-24),得:

$$K = \frac{(\sigma\cos\theta)^2}{2AL} \cdot \sum_{i=1}^{n} \frac{V_i}{(p_c)_i^2} \tag{8-25}$$

式(8-25)中每根毛细管体积 V_i 可以用它占总孔隙体积的分数 S_i 表示,即 $S_i = \frac{V_i}{V_T}$,系统的总体积为 AL,并且孔隙度 $\phi = \frac{V_T}{AL}$,这样,$V_i = S_i\phi AL$,因此得到:

$$K = \frac{(\sigma\cos\theta)^2 \phi}{2} \cdot \sum_{i=1}^{n} \frac{S_i}{(p_c)_i^2} \tag{8-26}$$

为反映实际岩石的孔隙结构与该理想系统的差异,以积分形式表示并引入校正系数 λ,则有表达式:

$$K = \frac{(\sigma\cos\theta)^2 \phi \lambda}{2} \int_0^1 \frac{dS}{(p_c)^2} \tag{8-27}$$

同理可推出岩石中含水饱和度为 S_w 时,水和油的有效渗透率分别为:

$$K_w = \frac{(\sigma_{ow}\cos\theta)^2 \phi \lambda_w}{2} \int_0^{S_w} \frac{dS}{(p_c)^2} \tag{8-28}$$

$$K_o = \frac{(\sigma_{ow}\cos\theta)^2 \phi \lambda_o}{2} \int_{S_w}^1 \frac{dS}{(p_c)^2} \tag{8-29}$$

[1] 引自杨普华编写的《油层物理基础》,大庆油田科学研究设计院,1980年,184-187页。

将式(8-28)、式(8-29)分别除以式(8-27),得到油水相对渗透率分别为:

$$K_{rw} = \frac{\lambda_w}{\lambda} \times \frac{\int_0^{S_w} \dfrac{dS}{p_c^2}}{\int_0^1 \dfrac{dS}{p_c^2}} \quad (8-30)$$

$$K_{ro} = \frac{\lambda_o}{\lambda} \times \frac{\int_{S_w}^1 \dfrac{dS}{p_c^2}}{\int_0^1 \dfrac{dS}{p_c^2}} \quad (8-31)$$

式中, $\dfrac{\lambda_i}{\lambda}(i=w,o)$ 为相对遇曲度(与饱和度变化关系式等价)。

从以上公式推导可知,利用毛细管压力曲线求出相对渗透率曲线是可行的。表征不同岩石流动特性的毛细管压力曲线能够处理出不同的相对渗透率曲线。

3. 两相相对渗透率模拟模型

在孔隙结构数学模型基础上,经文献[2]推荐研究的实用数学模型如下。

(1)油气两相:

$$K_{ro} = \left(\frac{S_o}{1-S_{wi}}\right)^2 \times \frac{\int_0^{S_o} \dfrac{dS_o}{p_c^2}}{\int_0^1 \dfrac{dS_o}{p_c^2}} \quad (8-32)$$

$$K_{rg} = \left(1 - \frac{S_o}{S_m - S_{wi}}\right)^2 \times \frac{\int_{S_o}^1 \dfrac{dS_o}{p_c^2}}{\int_0^1 \dfrac{dS_o}{p_c^2}} \quad (8-33)$$

式中 S_o——岩心水驱油含油饱和度,小数;

S_m——气相为非连续相时的最低含油饱和度,小数;

S_{wi}——岩心的束缚水饱和度,小数。

(2)油水两相:

$$K_{rw} = \left(\frac{S_w - S_{wi}}{1 - S_{wi}}\right)^2 \times \frac{\int_{S_{wi}}^{S_w} \dfrac{dS_w}{p_c^2}}{\int_{S_{wi}}^1 \dfrac{dS_w}{p_c^2}} \quad (8-34)$$

$$K_{ro} = \left(\frac{1 - S_w}{1 - S_{wi}}\right)^2 \times \frac{\int_{S_w}^{1} \frac{dS_w}{p_c^2}}{\int_{S_{wi}}^{1} \frac{dS_w}{p_c^2}} \qquad (8-35)$$

应用毛细管压力资料结合式(8-32)至式(8-35),编制积分计算程序即可求出油气和油水相对渗透率曲线。

4. 计算参数的统计方法

1)$J(S_w)$ 函数计算毛细管压力

莱弗里特的毛细管压力函数 $J(S_w)$ 表达式[13]为:

$$J(S_w) = \frac{p_c}{\sigma_{ow}\cos\theta_c}\left(\frac{K}{\phi}\right)^{0.5} \qquad (8-36)$$

根据 $J(S_w)$ 函数的形状,可用下列方程进行拟合❶:

$$[\lg J(S_w) - B](\lg S_w - C) = -A^2 \qquad (8-37)$$

式中 A、B、C——与岩性和流体相关的经验常数。

为了简化计算步骤,可将式(8-37)改写成线性回归表达式:

$$\lg J(S_w) = B - \frac{A^2}{\lg S_w - C} \qquad (8-38)$$

用岩心实验资料计算表明,式(8-38)通过调整 C 值的试算法,在线性相关系数大于95%时,求得经验常数 A、B、C 值。将式(8-38)代入式(8-36)得到预测毛细管压力的关系式:

$$p_c = \frac{\sigma_{ow}\cos\theta}{(K/\phi)^{0.5}} \times \mathrm{EXP}\left(B - \frac{A^2}{\lg S_w - C}\right) \qquad (8-39)$$

式(8-39)是驱替型水排油情况下的表达式,若是油排水,则将式(8-39)中的 S_w 换成 S_o 即可。

2)S_{wi} 值和 S_{or} 值的统计预测

束缚水饱和度 S_{wi} 和残余油饱和度 S_{or} 是毛细管压力预测相对渗透率曲线的重要参数,对于相似地质类型的油田,可以通过简便的统计方法求得,其中的双对数回归公式为:

$$\lg\left(\frac{S_{wi}}{\phi}\right) = a + b\lg K \qquad (8-40)$$

$$\lg\left(\frac{S_{or}}{\phi}\right) = c - d\lg K \qquad (8-41)$$

---

❶ 引自方宏长编写的《青海朵斯库勒油田 E_3^1 油藏开发工程研究》,石油工业部石油勘探开发科学研究院,1983 年。

式中 S_{or}——岩心的残余油饱和度,小数;

    S_{wi}——岩心的束缚水饱和度,小数;

    ϕ——有效孔隙度,小数;

    K——绝对渗透率,mD;

    a、b、c、d——与岩性和流体相关的经验常数。

例如,分析朝阳沟油田扶余油层有代表性的 14 个相对渗透率曲线试验模型,选用其中绝对渗透率小于 32mD 的 8 个岩心样品参数代入式(8-40)回归计算,得到:

$$\lg\left(\frac{S_{wi}}{\phi}\right) = 0.9946 + 0.3774\lg K \tag{8-42}$$

式(8-42)的相关系数 $R = 0.7214$,预测式为:

$$S_{wi} = 9.8764\phi K^{0.3774} \tag{8-43}$$

选用绝对渗透率为 16~85mD 的 13 个岩心样品的参数代入式(8-41)进行回归计算,得到:

$$\lg\left(\frac{S_{or}}{\phi}\right) = 0.0166 - 0.1677\lg K \tag{8-44}$$

式(8-44)的相关系数 $R = -0.8716$,预测式为:

$$S_{or} = 1.0389\phi K^{-0.1677} \tag{8-45}$$

此例的相关系数分别为 0.7214 和 -0.8716,预测精度尚能应用。在样品数较少的条件下,可以参考毛细管压力实验资料得到 S_{wi} 和 S_{or} 值。

二、毛细管压力方法的适用条件

1. 模拟曲线的适用类型

毛细管压力曲线的测定方法主要有压汞法、离心机法和半渗透隔板法。经过实践表明,常用前两种方法得到的毛细管压力资料用来模拟相对渗透率曲线。为了合理选用毛细管压力资料,首先要考虑油层中油、气、水渗流的类型,饱和度变化的方向,以及油层润湿性与渗流特性的关系。流体在油层渗流过程中,饱和度变化方向存在两种形式:一种是由非润湿相驱替润湿相;另一种是由润湿相驱替非润湿相。一般说来,前者为排替过程,后者为吸入过程。在相应条件下所得到的相对渗透率曲线称为驱替曲线和渗吸曲线。油水两相的情况见表 8-2。

表 8-2 油层润湿性与渗流特性的关系

润湿性	驱替型	渗吸型
亲水	油排水 $S_o:0----\to 1$ $(S_w:1----\to 0)$	水排油 $S_w:0----\to 1$ $(S_o:1----\to 0)$
亲油	水排油 $S_w:0----\to 1$ $(S_o:1----\to 0)$	油排水 $S_o:0----\to 1$ $(S_w:1----\to 0)$

2. 压汞法和离心机法的适应类型

文献[13]中指出,"由于水银不能润湿岩石表面,因此测得的曲线属于驱替型的毛细管曲线"。布朗发现,如果引用某一适当的模拟准数,气油毛细管压力资料与注水银法毛细管压力资料是一致的。以上论述表明,应用压汞法毛细管压力资料模拟油气两相相对渗透率曲线和油水两相相对渗透率曲线是可行的,但是一般应用于驱替型的曲线,应输入含油饱和度参数进行计算。

实践表明,应用离心机法毛细管压力资料能够模拟油水两相相对渗透率曲线或油气两相相对渗透率曲线,但是同样受到渗流类型的限制。一般选择驱替型(水排油或气排水)的毛细管压力资料模拟相对渗透率曲线。若要采用注水方式开发油田中的气藏,岩石润湿性为亲水,则要选择渗吸型的水排气数学模型,其公式的理论推导详见文献[14]。

三、模拟相对渗透率曲线的应用实例

1. 朝阳沟油田资料模拟

选择朝阳沟油田的润湿性为中性的岩心样品,由室内非稳定流法测试可供对比的油水相对渗透率曲线。在选用样品绝对渗透率和有效孔隙度于各项实验中都接近的条件下,分别做压汞法和离心机法(水排油)实验得到饱和度与对应的毛细管压力数据,经过式(8-39)用$J(S_w)$函数处理后的毛细管压力数据,分别代入式(8-32)至式(8-35)(基本代表了驱替型的计算式)计算相对渗透率数值,再绘制出图幅(图8-6和图8-7)。为便于在同一个坐标轴上演示,在图8-6中已将气油相对渗透率比值增大了10倍。

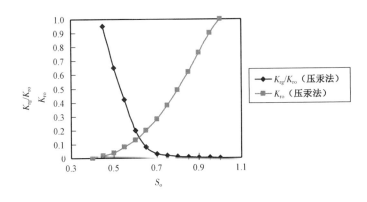

图8-6 毛细管压力预测油气相对渗透率曲线

2. 模拟曲线的精度分析

上例说明,用润湿性为中性的岩心样品,选择驱替型的计算式模拟预测油水或油气相对渗透率曲线是可行的。要提高预测精度,选好模拟模型是关键,同时要考虑以下几点意见:一是要有油田代表性的润湿性样品,确保从地层到进入实验室都保持原有的润湿性;二是作为端点饱和度的S_{wi}和S_{or}(S_{gr}),定量控制着油水(油气)渗流过程,要选用能代表油田

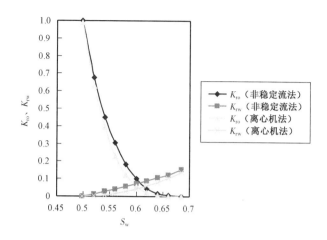

图 8 - 7　毛细管压力预测油水相对渗透率曲线

的束缚水饱和度和残余油饱和度值，能够提高对比预测精度；三是要选用有油田代表性的 K 和 ϕ 值，因为绝对渗透率和孔隙度既是后期处理毛细管压力数据的主要影响因素，又是经验统计测算 S_{wi} 和 S_{or} 值的关键参数；四是用式（8 - 38）线性回归的相关系数要较大，剩余标准离差要较小，因为 $J(S_w)$ 函数是计算毛细管压力重要的中间变量；五是参考润湿相和非润湿相的理论公式[15]，引入孔隙大小分布指数 λ 值，根据需要研究驱替型和渗吸型的各类数学模型及应用方法。

第三节　最大可采储量的实验综合预测

地质储量和可采储量是油田开发的物质基础，可采储量又是制订和达到开发、规划方案的依据和目标。因此，科学预测确定可采储量、努力提高采出可采储量是石油工作者的毕生追求和重要价值观的体现。可采储量能够通过地质储量乘以采收率得到，因此要用预测方法得到最终采收率。影响采收率的因素较多，主要与油藏类型和驱动类型、油层岩性和流体物性、储层孔隙结构特征和非均质性、井网层系和工作制度、开发方式和调整效果以及采油工艺、油田管理、经济条件等因素有关。下面分析几个与室内实验和矿场实践密切相关的可采储量（采收率）预测方法。

一、岩心水驱油实验法

根据相对渗透率曲线[7]和采收率的定义，对油田的采收率可写为[15]式（6 - 9）。

如果是水驱油藏，当地层压力保持不变时，由于 $B_{oi} = B_{oa}$，故由式（6 - 9）得到式（6 - 10）。

式（6 - 10）与由岩心水驱油实验得出最终采收率的微观算式相同。

式（6 - 10）中的残余油饱和度 S_{or} 和束缚水饱和度 S_{wi} 可以通过岩心水驱油实验得出。"实际工作证明实验室水驱油的结果，岩心中的残余油饱和度与油田上任一剖面的最后残余油饱和度大致相当。"[1]由于难以做到全部实验在高温高压下进行,致使"我国在实验室中用油驱水时得到的束缚水饱和度值往往比实际的数值要低。"在此推荐一种利用油基钻井液取心分析资料求得束缚水饱和度的方法。据相关资料[2]报道:已知油基钻井液取心的产油砂岩,用甑蒸法分析岩样的含水量。例如,抽出水的容积 $V_m = 1.11 \text{mL}$,岩样的孔隙体积 $PV = 4.10 \text{cm}^3$,可以求得束缚水饱和度为 $S_{wi} = V_m/PV = 1.11/4.10 = 0.271$。

由式(6-10)算得的采收率是最大采收率,实际上不可能达到。式(6-10)一般作为理论分析式有实用意义。

二、容积法储量测算法

油藏的地质储量应用容积法(静态法)和物质平衡法(动态法)能够计算得到,油藏的可采储量同样应用容积法能够算得。文献[5]和[16]分别用地层出口端含水饱和度和地层内的平均含水饱和度分别表示油田剩余地质储量算式,连同其他的算式表达如下:

水驱油田的累计产油量为:

$$N_p = N - N_{or} \qquad (8-46)$$

式(8-46)中的地质储量和剩余地质储量可表示如下:

$$N = 100 \times Fh\phi(1 - S_{wi})\gamma_o/B_{oi} \qquad (8-47)$$

$$N_{or} = 100 \times Fh\phi(1 - S_w)\gamma_o/B_o \qquad (8-48)$$

$$N_{or} = 100 \times Fh\phi(1 - \overline{S}_w)\gamma_o/B_o \qquad (8-49)$$

分别由式(8-47)、式(8-48)和式(8-47)至式(8-49)再代入式(8-46)得:

$$N_p = 100 \times Fh\phi \frac{\gamma_o}{B_{oi}} \left[(1 - S_{wi}) - (1 - S_w) \times \frac{B_{oi}}{B_o} \right] \qquad (8-50)$$

$$N_p = 100 \times Fh\phi \frac{\gamma_o}{B_{oi}} \left[(1 - S_{wi}) - (1 - \overline{S}_w) \times \frac{B_{oi}}{B_o} \right] \qquad (8-51)$$

式中　N_p——原油累计产油量,10^4t;

　　　N——原始原油地质储量,10^4t;

　　　N_{or}——剩余原油地质储量,10^4t。

　　　B_o——地层原油体积系数,无量纲;

　　　S_w——地层目前的含水饱和度,小数;

　　　$\overline{S}_w$——地层平均含水饱和度,小数;

---

[1] 引自秦同洛编著的《油、气藏的储量计算》,石油工业部"油田开发理论进修班"教材之七,1979年11月。

[2] 引自张朝琛、陈元千和贾文瑞等编写的《油藏工程方法手册》(中册),石油部油田开发技术培训中心,1980年12月。

F——含油面积,km^2;

h——有效厚度,m;

ϕ——有效孔隙度,%;

γ_o——地面原油相对密度,无量纲。

在注水保持地层压力条件下,$B_o = B_{oi}$,故由式(8-47)、式(8-50)和式(8-51)得到式(6-11)和式(8-52)。

$$R = \frac{\overline{S}_w - S_{wi}}{1 - S_{wi}} \tag{8-52}$$

式(6-11)和式(8-52)是分别用地层出口端含水饱和度和地层内的平均含水饱和度表示的油田采出程度 R(可采储量)算式,因为 $\overline{S}_w > S_w$,所以式(8-52)的计算值大于式(6-11)的计算值。若将极限含水率对应的 $\overline{S}_w$ 和 S_w 值分别代入式(8-52)和式(6-11),即算得一维驱替条件下的最终采收率❶。

三、流体力学分析法

根据文献[11]的研究成果,应用同一个油田区块(油层)作为研究对象,能够分析比较本节中各种预测方法的应用效果。例如,选定大庆油田外围的朝阳沟油田试验区北块低渗透扶余油层作研究对象,试验区北块含油面积为 $2.04km^2$,地质储量为 $172.79 \times 10^4 t$;按 $300m \times 300m$ 正方形井网反九点法注水方式布井,采油井 15 口,注水井 5 口,于 1986 年 9 月投入开发试验,投产 12 年后进入中高含水开发期。投产前后做了室内岩心化验分析和水驱油实验,为各种测算方法进行对比提供了必要的动、静态资料。

本书应用的流体力学分析法是水驱油理论结合岩心实验的方法。首先,根据油水两相二维非活塞驱替理论[13]和岩心水驱油实验资料,得出水驱油效率 E_D 的表达式,在油田实际应用时再乘以油层纵向非均质性的经验校正系数 C_r,即得出最终采收率 E_R 的计算式:

$$E_R = C_r E_D = C_r \times \frac{\overline{S}_{wt} - S_{wi}}{1 - S_{wi}} \tag{8-53}$$

式中　C_r——经验校正系数,小数;

E_D——驱油效率,小数;

$\overline{S}_{wt}$——极限含水率(98%)时,油层中的平均含水饱和度,小数。

可采储量的计算式为:

$$N_R = E_R N \tag{8-54}$$

式中　N——原始原油地质储量,$10^4 t$;

N_R——可采储量,$10^4 t$。

❶ 引自张朝琛、陈元千和贾文瑞等编写的《油藏工程方法手册》(上册),石油部油田开发技术培训中心,1980 年,1-24 页。

从式(8-53)和式(8-52)比较看到,式(8-52)用作预测最终采收率是偏高的,只表示了水驱油效率。式(8-53)增加了考虑油层纵向非均质性和油水黏度差的经验校正系数 C_r,更能接近油田实际情况。C_r 相当于水淹体积系数,又称 Craig 的近似体积波及系数。由 Kaemi 提出如下关系式[16]:

$$C_r = E_V = \frac{1 - V_K^2}{M} \tag{8-55}$$

式中 E_V——体积波及系数,小数;

V_K——渗透率变异系数,小数;

M——流度比,小数。

在式(8-55)中,渗透率变异系数 V_K,由岩心样品测试的渗透率确定。由文献[13]得出以下计算式:

$$V_K = \frac{\lg \overline{K} - \lg K_\sigma}{\lg \overline{K}} \tag{8-56}$$

式中 $\overline{K}$——对数正态分布上,占累计样品数50%处的渗透率;

K_σ——对数正态分布上,占累计样品数84.1%处的渗透率。

依据流度比的定义,可得到[13]:

$$M = \frac{K_{rw}\mu_o}{K_{ro}\mu_w} \tag{8-57}$$

式中 μ_o、μ_w——油和水的地下黏度;mPa·s;

K_{rw}——油层水淹区平均含水饱和度对应的水相渗透率;

K_{ro}——储层油汇区的油相渗透率。

根据案例和式(8-53),计算得到最终采收率 E_R 和可采储量。

(1)E_D值的计算。选取朝阳沟油田试验区所在区块的4块岩心样品,做水驱油试验,得到4条平均的油水相对渗透率曲线(图8-8)。岩心样品的平均空气渗透率为21.25mD。从图8-8中应用前沿饱和度理论方法得到 $\overline{S}_{wt} = 0.61$,$S_{wi} = 0.4$,代入式(8-53)计算得到 $E_D = 0.35$。

(2)C_r值的计算。选取朝阳沟油田试验区及附近区块的9口井资料共475块岩心样品的空气渗透率数值,做对数正态分布,将渗透率数值按递减序列排队(图8-9)。从图8-9中得到 $\overline{K} = 13$mD,$K_\sigma = 4.8$mD,代入式(8-56)计算得到 $V_K = 0.388$。室内驱替实验的油水黏度比 $\frac{\mu_o}{\mu_w} = 16.4$,从图8-9中查得 $K_{rw} = 0.09$,$K_{ro} = 1$,将以上数值代入式(8-57)计算得到 $M = 1.476$,再将 V_K、M 值代入式(8-55)计算得到 $C_r = 0.575$。

(3)E_R 和 N_p值的计算。将 C_r、E_D、N 值分别代入式(8-53)和式(8-54)计算得到 $E_R = 20.12\%$,$N_R = 34.76 \times 10^4$t。

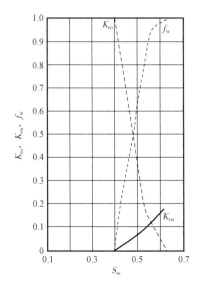

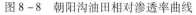

图 8-8 朝阳沟油田相对渗透率曲线

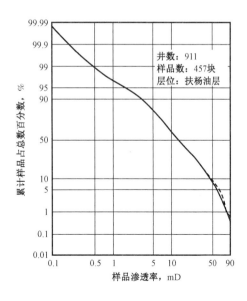

图 8-9 朝阳沟油田渗透率的对数正态分布

四、经验参数统计法

1. 经验校正系数 C_r 值计算

根据式（8-55）分析，在储层渗透率相近的地区，可以采用相关经验公式计算经验校正系数 C_r 值：

$$\lg C_r = D - E\lg\frac{\mu_o}{\mu_w} \tag{8-58}$$

式中 D、E——与储层性质和流体物性有关的经验常数，小数。

根据大庆外围 4 个低渗透油田的岩心资料和油水相对渗透率曲线统计测算，得到相关经验公式：

$$\lg C_r = 0.0766 - 0.2078\lg\frac{\mu_o}{\mu_w} \tag{8-59}$$

式中的相关系数 $R = -0.7998$，剩余标准离差 $S = 0.0513$。

将朝阳沟油田试验区北块的 PVT 资料 $\mu_o/\mu_w = 23.5$ 代入式（8-59），算得 $C_r = 0.619$；已知 $E_D = 0.35$，$N = 172.79 \times 10^4 t$，代入式（8-53）、式（8-54）算得 $E_R = 21.6\%$，$N_R = 37.32 \times 10^4 t$。

2. 国家储委会经验算式计算

根据文献[12]推荐的由国家储委会办公室于 1985 年的经验公式，由式（8-19）算得朝阳沟油田试验区北块的 $E_R = 22.61\%$，$N_R = 39.06 \times 10^4 t$，与式（8-59）代入式（8-53）和式（8-54）的计算结果较接近。

五、油藏数值模拟法

油藏数值模拟是应用油田开发前期(中低含水期或中高含水期以前)的动态资料进行历史拟合,预测油田中后期的开发动态及可采储量。该方法严谨可靠,预测结果可信度较高。

将试验区北块扶余油层划分为 9 个小层组,建立起地质网格模型,应用 VIP 三维三相黑油模拟软件进行了为期 6 年的动态历史拟合,并在此基础上进行开发指标预测。图 8 - 10 为数值模拟预测所得到的水驱曲线,通过计算得到极限含水率为 98% 时的最终采收率为 27.14% ,可采储量为 $46.89 \times 10^4 \mathrm{t}$。

六、水驱特征曲线法

文献[10]推出一种水驱特征曲线预测新方法,数学模型的函数类型属于多次幂指数函数,它是以水油比的对数值为纵坐标,以采出程度的 C 次方为横坐标的直线关系式:

$$\lg(\mathrm{WOR}) = -A + BR^C \tag{8-60}$$

由式(8 - 60)得到最终采收率计算式:

$$E_{\mathrm{R}} = \left[\frac{A + \lg(\mathrm{WOR_e})}{B} \right]^{\frac{1}{C}} \tag{8-61}$$

为了计算 A、B、C 值,将油田投产前期和末期的动态值(采出程度和水油比)代入式(8 - 60)联解得:

$$C = \frac{1}{\lg R_2} \lg \frac{Z + R_1^C \lg\left(\dfrac{\mathrm{WOR_e}}{\mathrm{WOR_2}}\right)}{\lg\left(\dfrac{\mathrm{WOR_e}}{\mathrm{WOR_1}}\right)} \tag{8-62}$$

式(8 - 62)的中间变量 Z:

$$Z = \left[\frac{R_3^C \lg\left(\dfrac{\mathrm{WOR_e}}{\mathrm{WOR_4}}\right) - R_4^C \lg\left(\dfrac{\mathrm{WOR_e}}{\mathrm{WOR_3}}\right)}{\lg\left(\dfrac{\mathrm{WOR_3}}{\mathrm{WOR_1}}\right)} \right] \lg\left(\frac{\mathrm{WOR_2}}{\mathrm{WOR_1}}\right) \tag{8-63}$$

$$B = \frac{1}{2} \left[\frac{\lg\left(\dfrac{\mathrm{WOR_2}}{\mathrm{WOR_1}}\right)}{R_2^C - R_1^C} + \frac{\lg\left(\dfrac{\mathrm{WOR_4}}{\mathrm{WOR_3}}\right)}{R_4^C - R_3^C} \right] \tag{8-64}$$

$$A = \frac{1}{4} \left[B(R_1^C + R_2^C + R_3^C + R_4^C) - \lg(\mathrm{WOR_1} \cdot \mathrm{WOR_2} \cdot \mathrm{WOR_3} \cdot \mathrm{WOR_4}) \right] \tag{8-65}$$

式中　$\mathrm{WOR_e}$——极限含水的水油比,无量纲;

　　　A、B、C——与储层性质和流体物性有关的经验常数,小数;

　　　$\mathrm{WOR_1}$、$\mathrm{WOR_2}$、$\mathrm{WOR_3}$、$\mathrm{WOR_4}$——投产前期 4 个时间点的水油比;

R_1、R_2、R_3、R_4——投产前期 4 个时间点的采出程度。

C 值由式(8 – 62)、式(8 – 63)用迭代解法求出。将式(8 – 62)至式(8 – 65)的 C、B、A 值代入式(8 – 61)求得 E_R 值,再由式(8 – 54)求出可采储量。

例如,均匀选取朝阳沟油田试验区北块开采前期(含水率低于 35%)的 4 组数据:$WOR_1 =$ 0.0384,$R_1 = 0.03$;$WOR_2 = 0.1547$,$R_2 = 0.068$;$WOR_3 = 0.297$,$R_3 = 0.088$;$WOR_4 = 0.5361$, $R_4 = 0.107$,代入式(8 – 62)至式(8 – 65)计算得到经验常数 $A = 2.1202$,$B = 10.1248$,$C =$ 0.7606。将经验常数代入式(8 – 61)得到最终采收率为 27.67%;由式(8 – 54)算得可采储量为 $47.8 \times 10^4 t$。

由上例计算结果可以看出,直线型水驱特征曲线方法与数值模拟方法测算的最终采收率很接近,相对误差仅为 1.9%,预测精度较高。图 8 – 10 为这两种方法预测的含水率与采出程度关系曲线,其变化历程很符合,表明直线型水驱特征曲线用于注水开发时间较短的新油田,至少用 4 组数据(采出程度及对应的水油比)进行计算,预测开发全过程的采出程度及可采储量是简便实用的新方法。

上述各种预测方法计算结果表明,以室内实验和静态资料为研究手段的流体力学分析法和经验参数统计法测算的可采储量,比以矿场动态资料为依据的油藏数值模拟法和水驱特征曲线法预测的可采储量约平均减少 22%。

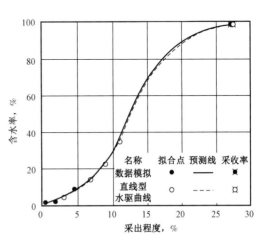

图 8 – 10　直线型水驱特征曲线
与数值模拟预测效果图

其主要原因是静态法的试验条件(如定岩心、定压差等)与矿场实践有一定误差,动态法的资料受矿场生产过程中工作制度、增产措施等因素影响;还受到数学模型结构的影响,使动态拟合预测的可采储量明显增大。

第四节　油田注采系统的数值模拟调整

油藏数值模拟是油田开发指标预测的主要方法,是开发方案编制的重要依据,文献[17]中规定:"开发指标预测必须采用油藏数值模拟方法,其他油藏工程预测方法作参考。"油藏数值模拟又是油田开发前期方案部署研究和中后期进行综合调整的重要工具。参考文献[18 – 20]的研究成果,以大庆长垣外围油田中开发规模最大的低—特低渗透油田——朝阳沟油田为例,进行注采系统的数值模拟调整,分析比较各个方案的模拟预测开发效果,为优选方案提供科学依据。

朝阳沟油田是一个受断层、构造、岩性多种因素控制的复合型油藏,扶余油层含油面积为 $291 km^2$,地质储量为 $1.8 \times 10^8 t$,已注水开发 8 年,前期采用 300m 井距的反九点注水方式。该油田构造轴部区块由于储层裂缝方向性的影响,使注水井排的东西向油井先受效、先高产,导致压力、含水率上升快,产油递减快的趋势;而采油井排上的油井南北向注水受效较差,形成了低压、低产的局面。构造翼部区块因断层发育多达 133 条,油层被切割成复杂的 50 多个小断块,油砂体零散分布,水驱控制程度只有 55.5% ,使油井的注水效果变差,生产能力较低,调整前的地层压力仅为 6.5MPa。

低渗透砂岩裂缝型油田采用沿裂缝注水方式,在玉门石油沟油田[21]和吉林油田扶余油层都已见到成效。朝阳沟油田构造轴部的天然裂缝较发育,构造缝分布密度达到 0.13 条/m,以垂直缝为主,在层理、层面间还发育近似水平延伸的微细裂缝。为改善两类区块的开发效果,进行了注采系统调整的现场试验和室内研究,采用沿裂缝方向的线性注水方式,取得了明显效果。

一、调整方法和效果

1. 线性注水的调整

朝阳沟油田扶余油层的平均渗透率为 11.3mD,采油井需要经过人工压裂后安装抽油机投产。研究表明,人工压裂裂缝与天然裂缝发育方向趋于一致,为 NE85°。构造轴部区块的储层裂缝较发育,油井和注水井的连通性较好,注水井排方向与裂缝发育方向的夹角仅为 11.5°(图 8 - 11),使注入水首先沿裂缝的东西方向突进,导致注水井排油井和采油井排油井的平面矛盾近年来更加突出。

根据动态反映和井排与裂缝方向近于平行的关系,进行了线性注水的油藏数值模拟研究。选择构造轴部主体区块的朝 5 断块为研究对象,模拟块的含油面积为 5.2km²,地质储量为 463.3×10⁴t,在 4 个注水井排夹 3 个采油井排(包括 46 口采油井、17 口注水井)范围内,设置 10140 个网格单元,设计了 4 种注水方案:(1)反九点注水(原有注水方式);(2)稀井线性注水(在注水井排上将高含水油井关井,堵高含水油层);(3)局部线性注水(外部第一、第四注水井排上的采油井转注成为线性注水,内部第二、第三注水井排上的高含水油井仍然关井、堵水);(4)全面线性注水(在方案(3)的基础上,后期将第二、第三注水井排上的高含水采油井和已关井转注,成为线性注水,并在 4 个注水井排上进行周期注水)。图 8 - 12 为 4 个线性注水方案的示意图(简化成 3 个注水井排夹 2 个采油井排)。

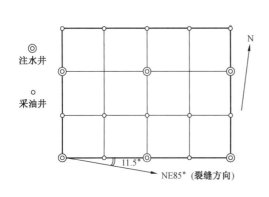

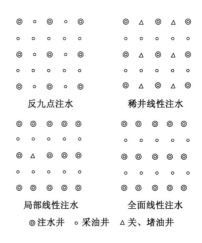

图 8 - 11 轴部区块裂缝方向与注水井排组合关系图

图 8 - 12 线性注水方案示意图

对现场动态资料进行历史拟合后,跟踪模拟的预测结果表明,线性注水具有以下4个方面的调整效果:

(1)改变了储层裂缝的液流方向,扩大了注水井排两侧注入水波及体积。线性注水的3个方案明显优于原反九点注水方案,不同程度地提高了注入水波及体积,改善了区块开发效果[图8-13(a)]。如与反九点注水方案比较,预测局部线性注水方案到第7年(2000年),采出程度增加1.51%,综合含水率下降9.1%,累计增油7×10^4t,累计减水$19.8 \times 10^4 m^3$,累计注水量又减少$15.8 \times 10^4 m^3$,在相同采出程度下,使净注率[即(累计注水量-累计产水量)/累计注水量]回升[图8-13(b)]。注水方式调整比钻新井的工作量和成本大大减少,少投入、多产出,经济效益很好。全面线性注水方案是4个注水井排的油井全部转为线性注水,并配合新、老注水井交替进行周期注水(每年停注2个月,再恢复注10个月),减缓了新、老注水井的井间干扰。改善了水驱油效果,在相同含水率条件下,进一步提高了采出程度[图8-13(a)]。

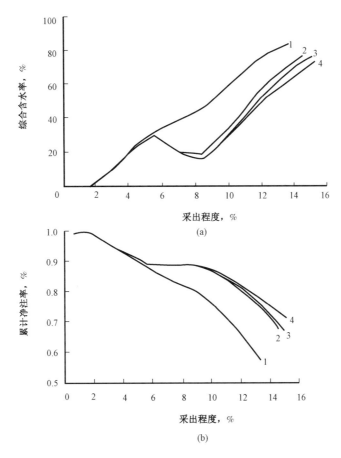

图8-13 综合含水率、累计净注率与采出程度的关系图
1—反九点注水(未关井、堵水);2—稀井线性注水(关井、堵水);
3—局部线性注水(部分关井、堵水);4—全面线性注水(周期注水)

朝阳沟油田从1992年8月至1994年上半年,先后将朝5、朝5北断块高含水油井关井20口,堵水8口,注水井排上已有19口采油井转为线性注水,全区综合含水率由36.5%降至

14.4%,平均单井日产油由 3.1t 增加到 4.6t,使调整区年产油量连续 5 年稳产 20×10^4 t,采油速度保持 1.5%。在调整后的两年内,年产水量由 $8.4 \times 10^4 m^3$ 减少到 $4.3 \times 10^4 m^3$,年注水量由 $76.6 \times 10^4 m^3$ 减少到 $69.3 \times 10^4 m^3$,使净注率由 93% 回升到 94%。调整试验模拟结果表明,线性注水等注水方式调整虽然不能像井网加密那样明显提高采油速度,但能起到延缓产量递减和保证稳产的作用,能够提高最终采收率和降低采油成本。

(2)提高了水驱控制程度。在构造轴部主体区块(包括朝 5、朝 5 北、朝 45 等区)338 口油水井中,通过将注水井排上 40 口采油井转为线性注水,使调整区采注井数比 3.2∶1 降低到 2.1∶1,油水井连通方向个数由 857 个增加到 1489 个,多方向连通层数由 90 个增加到 302 个,多方向连通厚度由 196.9m 增加到 614.4m,水驱控制程度由 74.5% 增加到 77.7%。其中,朝 5 断块线性注水调整后,采注井数比由 3.1∶1 降低到 1.6∶1,水驱控制程度已由 72% 提高到 78.5%,采油井的水驱连通方向增加了 46%。

(3)增大了驱油效率,提高了体积波及系数。对局部线性注水方案和反九点注水方案的主力油层 FⅡ1 进行数值模拟计算,在油层综合含水率为 47% 的相同条件下,反九点注水方案的驱油效率、体积波及系数和采出程度分别为 9.3%、63.9% 和 5.9%,局部线性注水方案的驱油效率、体积波及系数和采出程度分别为 13.5%、71.4% 和 9.6%[20]。数值模拟算至含水率为 96% 时的最终采收率由反九点注水方案的 19.5% 提高到局部线性注水方案的 22.6%,开发效果得到明显改善。

(4)调整了压力场变化。沿裂缝东西向注水受效油井关井、堵水和转为线性注水之后,模拟区块注水井排油井的高压状况得到了控制。因全区平均压力降低幅度流压大于静压,所以措施后的生产压差都有不同程度的提高,其中局部线性注水方案的提高幅度较大,由平均 3.5MPa 提高到 5MPa。全面线性注水方案在后期全面转入线性注水,地层压力又回升,生产压差进一步提高到 6MPa(图 8 – 14)。主体区块原反九点井网动用较差的采油井排,线性注水调整后的两年内,地层压力由 6.5MPa 恢复到 7.1MPa,朝 5 断块的采油井排地层压力由 7.4MPa 回升到 8.0MPa,日产油由 278t 增加到 395t。含水率仅由 6.0% 上升到 9.2%,扭转了南北向注水受效油井长期以来的低压、低产局面。由此可见,通过线性注水方式改善开发效果,是调整压力场变化产生的内在作用。

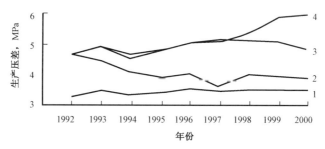

图 8 – 14 采油井生产压差与时间关系曲线

1—反九点注水(未关井、堵水);2—稀井线性注水(关井、堵水);

3—局部线性注水(部分关井、堵水);4—全面线性注水(周期注水)

2. 不规则点状注水的调整

朝阳沟油田构造翼部区块的储层平均渗透率仅为 7.7mD,天然裂缝不发育,裂缝延伸方向又与注水井排方向呈 22.5°夹角,不具备线性注水条件。但因断层多、砂体较分散,在 300m

井距条件下,注、采井的连通层数较少,造成水驱控制程度低。对于这样条件的低—特低渗透储层,为了提高油水井的连通程度,在反九点井网基础上,采用了局部线性注水和不规则点状注水相结合的注水方式调整。朝深 1 断块经过这种方式调整后,油水井数比由 3∶1 降低到 2.6∶1,水驱控制程度达到 74.2% 。朝 691 等 5 个低效区块立足于油砂体分布进行调整后,转注了 33 口油井,水驱控制程度已由 50.9% 提高到 72.3% 。调整后提高了区块的配注水量,地层压力平均每年增加 0.2MPa,产油量稳定回升。

二、注水方式的调整时机

朝 5 断块数值模拟研究了注水井排上的油井转成线性注水的 5 种调整时机对比方案(图 8 – 15),可见含水率较高时转注的效果变差,但含水率为 50% ~ 90% 的效果较接近。方案 5 为先对注水井排上含水率 90% 左右的采油井、层进行关井、堵水,待其他油井生产一段时间后,再将关、堵井转成线性注水。无论从单井产油量水平,还是从综合含水率与采出程度关系曲线来看,都是方案 5 优于方案 1 至方案 4(图 8 – 15)。这是因为方案 5 经历了水驱油的两个过程:一是关井、堵水后提高净注率的过程;二是稀井线性注水和全面线性注水后注水井交替改变流向的过程,从而提高了低含水油区的注入水波及体积和水驱油效率,实现了采油井排的接替稳产,提高了模拟区块的采出程度。显而易见,对于直线排状注水的转注来说,在配合注水井排油井关井、堵水及采油井排油井压裂、放产等措施条件下,将注水井排单井含水率为 90% 左右的已关油井进行转注,从提高油田经济效益来看是最佳的转注时机。

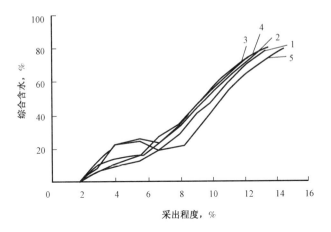

图 8 – 15 朝 5 模拟区块综合含水率与采出程度关系曲线
1—含水率为 30% 时转线性注水;2—含水率为 50% 时转线性注水;3—含水率为 70% 时
转线性注水;4—含水率为 90% 时转线性注水(未关井、堵水);5—含水率为 90% 时转线性注水(关井、堵水)

不规则点状注水的调整主要目的是较大幅度地提高水驱控制程度,早期恢复地层压力,因此在区块的整体注采方案中,应考虑早期进行调整转注。

三、水驱控制程度的调整界限值

油田在注水受效条件下,油层出油厚度应是油水井连通的有效厚度,即油井有效厚度与水驱控制程度(即油水井连通有效厚度占油井有效厚度的百分比)的乘积。可将平面径向流公式改写为如下理论表达式:

$$Q = \frac{DK_{o}hA\Delta p}{\mu_{o}\left[\ln\left(\dfrac{r_{e}}{r_{w}}\right) + S\right]} \qquad (8 - 66)$$

式中　Q——产油量,t/d;

D——无量纲换算系数;

Δp——生产压差,MPa;

r_{w}——井底半径,m;

r_{e}——供给半径,m;

S——表皮系数;

K_{o}——油层渗透率,mD;

μ_{o}——原油黏度,mPa·s;

A——水驱控制程度,%;

h——油层厚度,m。

式(8-66)中,设 S 为常数。在 r_{e} 为一定值且原油流度(K_{o}/μ_{o})和 Δp 保持一定范围值的条件下,增大 Q_{o} 的可行办法是提高水驱控制程度 A。统计朝阳沟油田构造翼部区块 231 口油井投产初期的实测资料,将采油强度(Q_{o}/h)分级变化的平均值,与相同井的油水井连通有效厚度百分比进行回归(图 8 - 16),得到相关性很好(其相关系数为 0.9998,剩余标准离差为0.0064)的经验计算式:

$$\frac{Q_{o}}{h} = -0.2734 - 0.0027A + 0.00022A^{2} \qquad (8 - 67)$$

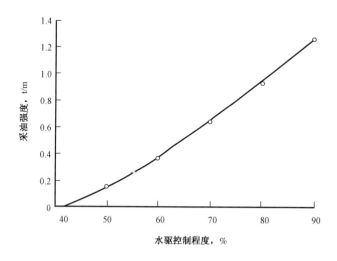

图 8 - 16　朝阳沟油田采油强度与水驱控制程度关系曲线

式(8-67)中的截距和斜率是与油层性质、原油物性和生产条件有关的经验系数。

由式(8-67)可见,Q_{o}/h 随 A 的增加而增大。当 A 不大于41.9%时,矿场动态表明,因注水井与采油井的连通程度低,影响了油井出油,不出油油井(50 口)占统计井数的21.6%,因

此可以将 A 为42%作为低效井区注水方式调整的下限值。据朝阳沟油田试验区北块的数值模拟研究,高效区块的砂体大片连通,转成线性注水前的水驱控制程度就高达85%,转成线性注水后。仅提高到86.6%;但采油井的水驱连通方向增加了43%,改善了油井多方向的注水效果。因此,可以将 A 为90%作为高效区块注水方式调整的上限值。例如,某低效区块调整注水方式后,水驱控制程度由50%提高到70%,以有效厚度6m计,代入式(8-67)求得区块的平均单井日产油将由0.8t增加到3.7t。

参 考 文 献

[1] [奥]薛定谔 A E. 多孔介质中的渗流物理[M]. 王鸿勋,张朝琛,孙书琛,译. 北京:石油工业出版社,1982:85.

[2] [美]霍纳波 M,科德里茨 L,哈维 A H. 油藏相对渗透率[M]. 马志元,高雅文译,秦同洛校. 北京:石油工业出版社,1989:1-18,165-173.

[3] 陈元千. 油气藏工程计算方法(续篇)[M]. 北京:石油工业出版社,1991:257-260.

[4] Leverett M C. Capillary Behavior in Porous Solids[J]. Trans. ,AIME,1941(142):152-169.

[5] 陈元千. 水驱曲线关系式的推导[J]. 石油学报,1985,6(2):73-82.

[6] 钟德康. 相对渗透率相关方程的研究与应用[J]. 大庆石油地质与开发,1985,4(4):37-38.

[7] 陈钦雷等编. 油田开发设计与分析基础[M]. 北京:石油工业出版社,1982:103.

[8] [美]克纳夹特 B C,豪金斯 M F. 油、气田开发与开采的研究方法[M]. 童宪章,张朝琛,张柏年,译. 北京:中国工业出版社,1963:427-428.

[9] Welge H J. A Simplified Method for Computing Oil Recovery by Gas or Water Drive[J]. Trans. ,AIME,1952(195):91-98.

[10] 钟德康. 水驱曲线的预测方法和类型判别[J]. 大庆石油地质与开发,1990,9(2):33-37.

[11] 钟德康,李伯虎. 低渗透砂岩油田可采储量的几种计算方法及效果对比[J]. 低渗透油气田,1998,3(3):29-32.

[12] 周斌,王元基. 不同经验公式预测原油采收率的精度分析[J]. 石油勘探与开发,1989,(1):46-49.

[13] [美]克雷格 F F. 油田注水开发工程方法[M]. 张朝琛,等译. 北京:石油工业出版社,1981.

[14] 斯坦丁 M B. 关于相对渗透率关系式的注释[R]石油地质情报,1983.

[15] 秦同洛,李璺,陈元千. 实用油藏工程方法[M]. 北京:石油工业出版社,1989:311,313.

[16] 陈元千. 水驱油田矿场经验分析式的推导及其应用(第一部分——基本公式推导)[J]. 石油勘探与开发,1981(2):59-67.

[17] SY/T 5842—2003　砂岩油田开发方案编制技术要求　开发地质油藏工程部分[S].

[18] 钟德康,李伯虎. 朝阳沟油田注采系统调整效果[J]. 石油勘探与开发,1998,25(5):53-56.

[19] 李伯虎,钟德康. 大庆外围特低渗透油田的储层类型及高效开发途径//大庆油田油藏工程论文集[M]. 北京:石油工业出版社,1995:321-330.

[20] 钟德康. 储层裂缝性质及开发特征的数值模拟研究[J]. 大庆石油地质与开发,1996,15(4):42-45.

[21] 玉门石油管理局石油沟油矿. 石油沟油田沿裂缝注水开发总结[J]. 石油勘探与开发,1977,4(1):35-45.